建筑创新与传统文化的协同发展研究

曹艺凡　于淼祺　著

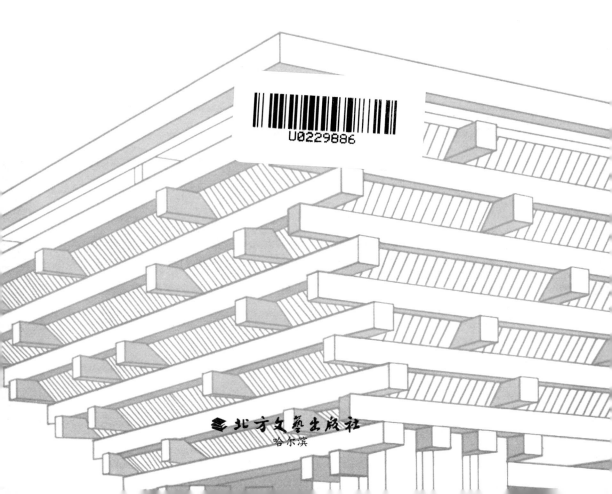

北方文艺出版社
哈尔滨

图书在版编目（CIP）数据

建筑创新与传统文化的协同发展研究 / 曹艺凡，于
淼祺著 . -- 哈尔滨：北方文艺出版社，2022.6
ISBN 978-7-5317-5534-0

Ⅰ.①建... Ⅱ.①曹... ②于... Ⅲ.①古建筑 - 建筑
文化 - 研究 - 中国 Ⅳ.① TU-092.2

中国版本图书馆 CIP 数据核字 (2022) 第 066213 号

建筑创新与传统文化的协同发展研究

JIANZHU CHUANGXIN YU CHUANTONG WENHUA DE XIETONG FAZHAN YANJIU

作　者 / 曹艺凡　于淼祺
责任编辑 / 张　璐　　　　　　　　　　封面设计 / 邓姗姗

出版发行 / 北方文艺出版社　　　　　　邮　编 / 150008
发行电话 /（0451）86825533　　　　　经　销 / 新华书店
地　址 / 哈尔滨市南岗区宣庆小区 1 号楼　网　址 / www.bfwy.com

印　刷 / 三河市元兴印务有限公司　　　开　本 / 710mm×1000mm　1/16
字　数 / 190 千　　　　　　　　　　　印　张 / 13
版　次 / 2022 年 6 月第 1 版　　　　　印　次 / 2024 年 4 月第 3 次印刷

书　号 / ISBN 978-7-5317-5534-0　　　定　价 / 42.00 元

目　　录

第一章　现代建筑的发展与演进

第一节　现代建筑的发展历程简述

一、中华人民共和国成立前的西风东渐

在 20 世纪初期这段时间里，西方各国现代建筑还处于萌芽状态。在沿海城市的租界和列强势力范围内，西方传教士、商人及建筑师将当时欧洲盛行的折中主义和各国自己的传统建筑样式传到了中国。这些建筑文化的传播导致今天我国城市中保留下来大量多样的近代建筑，也影响着今天城市的风貌，如有"万国建筑博览会"之称的上海，有"东方莫斯科"之称的哈尔滨，德国风格的青岛，等等。

中外建筑师运用中国传统建筑不同的文化价值观设计仿中国传统形式的建筑，大致有三种方式：①运用各种类型的传统大屋顶、大柱廊，按传统宫殿式样进行修建。②撷取某些建筑符号加以运用，如须弥座、斗拱、马头墙、飞檐、门窗套，以及在入口重点部位运用传统构件装饰，有的加以简化、创新。③以传统细部的纹饰做适当的点缀。

这些有形的搬用、仿效，还未来得及对中国传统建筑的理论做深入研究，使得传统的建筑形式与现代功能、技术的需要及施工技术等方面产生了很大的矛盾。"以复古为更新、为使命""纯采中国式样，建筑费过高且不尽实用"的复古建筑风潮，以其不可克服的历史局限性而逐步偃旗息鼓。

随着后来现代建筑的发展，欧洲现代建筑在中国表现为"混合式""实用式"以至"国际式"建筑，使中国现代建筑的创作迈出了新的一步。在商业建筑与其他公共建筑的类型上，上述形式较容易适应现代功能，工程造价较经济，同时适合时代审美要求，因此很快得到发展与推广，如南京新都大

戏院、上海百乐门舞厅、大华大戏院、大光明电影院等。

20 世纪初期，世界各国城市无不以高层建筑的综合性、复杂性、标志性竞相表现各自的特色。我国上海、天津、广州、武汉等城市高层建筑兴建，以上海为最。

二、改革开放前的持续探索

中华人民共和国成立后，工业建筑与民用建筑的建设在全国各地蓬勃展开。一大批注重功能、经济适用、造型简洁的各种类型的公共建筑相继建成。在建筑风格上，沿袭了 20 世纪 30 年代以来现代建筑设计的创作思路与手法，还有一些以传统形式为主的建筑，如北京中央民族大学和重庆市人民大礼堂等。1953 年，掀起了以"大屋顶"为标签，对传统古典形式的仿制热潮，如北京西郊宾馆、地安门宿舍。

之后，出现了一些适当地运用传统构件和装饰纹样对建筑加以点缀的实例，成为探索新民族建筑形式的尝试，如北京饭店西楼、首都剧场、北京天文馆等。

对于一些公共建筑，在标准较低、规模不大、造价低的情况下，建筑师在探索地方性、提高建筑艺术品位方面仍有不少代表性的作品，如上海虹口公园的鲁迅纪念馆、乌鲁木齐的新疆人民剧场、呼和浩特的内蒙古博物院等。一些沿袭国外建筑艺术特征的建筑，如哈尔滨市工人文化宫、北京展览馆等，也从侧面反映了 20 世纪 50 年代初多种建筑风貌。

20 世纪 50 年代，北京兴建以十大建筑为代表的国庆工程，包括人民大会堂、中国人民革命军事博物馆、中国革命历史博物馆、北京火车站、华侨大厦（现已拆除）、北京钓鱼台国宾馆、民族文化宫、民族饭店、全国农业展览馆和北京工人体育场。这批建筑复杂的功能技术、丰富的建筑形式、对艺术的探索都标志我国建筑事业总体达到新的水平，但建筑平面、室内布局仍沿用传统轴线对称的手法，追求的是体形的严谨与气势。

20 世纪 70 年代，一些较早开放的地区吸收外来文化，与传统结合进行建筑创作，一批为外事服务的建筑与体育建筑是这一时期的主要成果，如北京饭店东楼、北京友谊商店、北京国际俱乐部、齐家园外交公寓、长沙火车站，以及浙江省人民体育馆（现杭州体育馆）、南京五台山体育馆、上海体育馆（现上海大舞台）等。这批建筑在平面类型、结构选型、细部装饰上均有不同程度的新意与突破。在一些风景旅游城市，一批体现悠久历史文化的有特色的风景建筑、名人纪念性建筑成为当地优美的人文景观，如桂林芦笛岩风景建筑、杭州西湖花港观鱼等。

三、全面开放的时代演变

改革开放以来，随着经济的繁荣、政治环境的宽松、思想束缚的解脱、国外国内交流的增多，建筑师面临着前所未有的创作机遇，发挥着极大的创作活力。

我国对古典建筑、传统园林、地方民居等丰富遗产的挖掘、研究，从对形式、风格到空间、布局特征的认识，以及规律性的探索，都逐步深化。中西文化的比较研究，使建筑师面对多元的传统文化、外来文化，做出多样的选择、融合与创新。建筑师立足新的角度，运用新的眼光，使传统的形式内容与现代的功能技术相融合，给传统审美意识赋予时代气息。20 世纪后期的建筑创作主要倾向和成就如下。

（一）全面提高，多元并存

在高层建筑中，酒店建筑以其功能的多样、空间组合的丰富、造型的独特为城市增添风采，如北京国际饭店、上海宾馆、广州白天鹅宾馆、深圳南海酒店等。在各个城市纷纷建起的步行街、商业城等，标志着城市经济的繁荣、人民生活水平的提高，如上海的新世界城商场、第一八佰伴，北京的城乡贸易中心、西单商场、新东安市场，等等。这一时期，国家还集中投资、统一规划、统一建设了一批高等院校，如中国矿业大学、深圳大学、烟台大学等。清华大学图书馆的再次扩建，因融合环境、尊重历史、注重现代功能而获得好评。新一代的体育建筑、展览建筑、交通建筑融合了高科技的成果和时代最新信息，在造型上充分体现了时代感，如上海体育场、北京亚运会体育场馆、深圳体育馆、哈尔滨等地的滑冰馆等。建筑不断在高度上延伸，如 53 层的深圳国贸大厦、69 层的深圳地王大厦、88 层的上海金茂大厦，都展现了新的城市标志。

（二）立足创新，兼收并蓄

建筑界在中西方的传统里寻求"有形"与"未形"、"神似"与"形似"、"符号"与"元素"，通过"解构"与"重组"、"冲撞"与"融合"，在各个城市涌现出"新古典主义""新乡土主义""新民族主义""新现代主义"的代表作品，如阙里宾舍、北京图书馆新馆、陕西历史博物馆等，这些建筑力求传递中国古典建筑文化的底蕴。但是，20 世纪 80 年代后期，北京在"夺回古都风貌"的口号下，把形形色色的传统的亭、阁修建在高层建筑的屋顶上，缺乏尺度、造型方面的考虑，无助于丰富城市的天际轮廓线。这一时期也有许多优秀建筑。北京国际展览中心以简洁的平面组合，造型上对体形、体块的切、割、加、减，给予人们现代建筑的时代感、雕塑感。杭州黄龙饭店以分散的体量，围绕庭院组合客房单元，内外空间渗透，层次丰富，具有传统江南民居韵味。一批外资、合资的大型项目吸引了海外著名建筑师参与中国建筑的建设，如北京建国饭店、长城饭店、香山饭店、中国国际贸易中心、金陵饭店、上海商城，其创作赋予了作品时代感，给予了中国建筑师新的启迪。

（三）融合环境，持续发展

一批作品着眼于地方特色，以现代功能、生活为基础，完善建筑设计，优化环境，融合乡土风情，创造了新的地域建筑文化。武夷山庄、黄山云谷山庄使建筑与自然融合为一体。侵华日军南京大屠杀遇难同胞纪念馆"再现"历史场面，把建筑与环境的融合推向一个新的高度。在少数民族地区，建筑师以当地传统建筑为基础，运用现代构成手法，注重突出特有的形、体、线的造型与细部，使建筑既具新意，又有民族特色，如新疆迎宾馆、新疆人民会堂、西藏拉萨饭店、云南楚雄彝族自治州博物馆等。一些大型公共建筑在处理好建筑与街道、广场、公共空间的关系上，进行了新设计手法的创造，如上海商城、深圳华夏艺术中心、上海等地的下沉式广场和地下商场，以及地铁站等。这些建筑使城市建设向地下、高空立体发展，城市建筑与公共交通网络结合，从而把城市的持续发展作为建筑创作、构思的出发点。

四、建筑现代化历程的反思

现代建筑是工业文明的产物，为人类的栖居做出了巨大的贡献，但它同时也承载着工业文明的种种弊端。

（一）现代建筑的工业技术本质

1. 现代建筑的形式风格与工业技术

现代建筑师认为，以装饰为主的传统风格形式，从希腊式、罗马式、文艺复兴古典式、哥特式、巴洛克式、洛可可式到各种各样的折中式，都不应附着在现代主义的建筑之上，因为"装饰即罪恶"，必须把它们彻底抛弃。新建筑呼唤非装饰性的新形式，但是这种新形式从何而来？ 19 世纪，探索现代建筑的先驱正是为此而感到困扰。20 世纪的现代建筑大师从新建筑本身的结构、功能中找到了新形式的源泉，并且认为，唯有从新建筑本身的空间、结构、功能中产生的形式，才是真实的、健康的、必然的形式。新的形式必然以表现空间、结构、功能及其机械组合，以表现工业建筑材料的质感和色彩，以单一、冷漠、精确的方式显现出来。既然现代建筑的空间、结构、功能三个要素本质上源于现代技术，那么从这三个要素而来并表现它们的形式，在本质上也同样源于现代技术。研究传统风格形式的建筑美学、艺术哲学转变成了研究机器美学、工程美学，即技术美学。瓦尔特·格罗皮乌斯（以下简称"格罗皮乌斯"）说："在建筑表现中不能抹杀现代建筑技术，建筑表现要应用前所未有的形象。"

2. 现代建筑的功能与工业技术

在人与自然环境的关系中，建筑的基本功能是对环境进行控制，成为环境气候的"过滤器"，制造出适于人生产、生活的"空间"。在人与人的关系中，建筑的基本功能是为人的生产、生活及各种社会活动提供空间。人的需要是随着社会历史的变迁而变化的，人类有史以来最大的变化是由科学革命、技术革命、工业革命和商业革命带来的，它们使传统社会转变为现代社会，使封建社会转变为市民社会，使农业社会转变为工业社会，因而要求传统建筑转变为现代建筑，要求现代建筑的功能满足现代生存方式的多样化。现代建筑思想对功能（尤其是物质功能）的注重与强调，使在传统建筑中被忽视的功能要素凸显出来，回归到建筑的首要目的上，并提倡为大众服务，这些都符合社会发展的现实要求。在工业技术与建筑功能的关系中，技术不仅为让人们的生产、生活多样化而提出新的功能要求，更重要的是，技术渗透于建筑的功能之中，使其具有了前所未有的功效。彼得·柯林斯区分了建筑中的四种功能主义，即比拟于生物，比拟于机械，比拟于烹调，比拟于语言。现代建筑思想中的功能无疑是比拟于机械的功能主义。"住宅是居住的机器"，勒·柯布西耶（以下简称"柯布西耶"）的这句话是技术功能主义最典型的宣言，他把从工业技术得到的教益归纳为三点。第一，一个明确规定的问题自然会找到它的解决办法。第二，因为所有人都具有同样的生物组织，他们都具有同样的基本需要。第三，像机器一样，建筑必须成为一种适合于标准的通过竞争选拔出来的产品，而这种标准必须由逻辑分析与实验来确定。既然建筑就是住人的机器，那么建筑的功能必然是机器的功能，即工业技术的功能。

3. 现代建筑的结构与工业技术

在传统建筑中，技术作为手段通过"坚固"这一要素与建筑相关联。现代工业技术以结构力学、工程科学、计算机科学替代经验，以水泥、玻璃、钢材等工业建筑材料替代石、木、砖瓦这些传统材料，以钢筋混凝土结构、钢铁结构、悬索结构等现代结构替代传统建筑的石材、砖木结构，以采用大量预制件、现场组装和采用大型机械设备进行施工替代传统手工，水、暖、电、消防、空调、电梯等各种技术设备得到发明和应用……这些翻天覆地的变化都使得作为手段的技术显现出来，建造过程变成了工业化的生产过程，变成了工程科学管理的过程，结构变成了工业技术的集成。在反对传统建筑"为形式而形式""以形式为目的"的现代建筑师中，有人甚至把结构当作建筑的目的，即把技术当作目的，强调"忠实于结构来表现这些新材料"，认为钢和混凝土完美地代表着建筑的强度，是建筑的骨骼，而玻璃闪烁的面纱，是骨骼外面的表皮，建筑要以结构来创造前所未有的空间和形式，书写钢与混凝土的诗篇。

上述三种关系，十分清楚地表明了现代建筑的工业技术本质，也证明了现代建筑是工业文明的产物。

（二）现代建筑观的缺陷

从历史发展的角度来看，现代建筑观是具有时代性、反传统性的思想，对社会的发展做出了巨大贡献。但是，任何的建筑思潮都有其历史局限性，如同人类社会的发展，建筑思潮也总是在不断的变化发展中曲折前进的，即使是最优秀的建筑大师的思想，也不可能是永恒不变的绝对真理，也会被更能适应时代与社会发展的新的建筑思想代替。所以，在肯定现代建筑观巨大贡献的同时，也要运用辩证的思维方式来反思它所固有的缺陷，这些缺陷可总结为以下几个方面。

1. 割裂了建筑与历史和文化发展的联系

人总是生活在传统和现实的环境之中，文化的传承随着历史的发展潜移默化地进行下去，而建筑作为文化和历史的重要组成部分，与之具有不可分割的密切关系。但是，现代建筑观坚决主张抛弃历史上的建筑风格与文化样式，认为它们是虚伪的、病态的、保守的、落后的，只有放弃沉重的历史文化的包袱，割断历史与文脉，才能自由地进行建筑设计与创造。所以，现代建筑观与历史彻底决裂的决心，预示着现代建筑观本质的缺憾性。

2. 过分推崇机器化的工业生产方式，造成对生态环境的极大破坏

现代建筑观虽然为人类解决了一系列现实问题，如城市人口剧增、战后重建等，但同时也带来了资源浪费、环境污染、生态平衡破坏等对人类发展具有严重威胁的问题。人类中心主义的立场使得现代建筑观漠视人与自然的内在关系，仅把自然环境当作建筑的外在变量，建筑作为一种人工之物与自然之物相对立，人通过建筑的功能来与自然抗争。

3. 过分强调理性化的设计原则，忽视了人的主要因素

现代建筑观过分强调建筑的功能性和实用性，而缺乏对人文环境因素的考虑。特别是当现代主义成为国际性的主义后，人文环境进一步被浓厚的商业氛围取代，忽视人的因素。而由于社会多元化，人们也越来越厌倦现代主义设计中简洁、理性的设计理念，人们期待设计中有多元化的设计方向，如解构主义、地域主义、生态主义等。

4. 建筑师过于关心建筑普遍适用的共性问题，而忽视了地域化的个性问题

处于机器大生产高速发展的时代，建筑师就像解决技术问题一样，试图通过总结得出一种普遍适用的"居住机器"来解决人类生存的需要。柯布西耶曾尝试说明现代建筑理论可以解决各地普遍存在的问题，适用于任何环境之中。这虽为以后现代建筑的国际主义风格做了有力的理论推广和普及，但忽视了建筑设计中的场所性和地域性的个性特色。

现代建筑是时代的产物，借助工业革命新材料、新工艺的机器化大生产，从而推进建筑的发展历程，使人们从数千年的传统建筑中解脱出来，享受新建筑革命所带来的丰硕成果。但是，建筑的发展历程也是不断变化的，正如格罗皮乌斯在他的著作《全面建筑观》中所说："历史表明，美的观念随着思想和技术的进步而改变。谁要是以为自己发现了'永恒的美'，他就一定会陷入模仿，停滞不前。真正的传统是不断前进的产物，它的本质是运动的，不是静止的，传统应该推动人们不断前进。"社会历史发展的必然性决定了现代建筑也必然经历由兴盛到衰败的整个过程。现代建筑的发展不是一帆风顺的，上述缺陷早在 20 世纪 60 年代至 70 年代就开始遭受后现代主义者的猛烈批判，甚至在 30 年前，查尔斯·詹克斯就宣称：现代主义建筑已经死亡。但是，时至今日，人们依然在现代建筑的基础上进行不断的探索，由它派生而来的国际主义建筑、高技派建筑、新现代主义建筑，以及对它进行全面批判的后现代主义及其他流派的建筑都与之有着密不可分的关系。因此，指出它的缺陷，并不是要对它全盘否定，而是要更深入地理解它在世界建筑发展中的历史地位。

从根本上讲，现代建筑观的主要缺陷可以归结为现代建筑与自然环境、现代建筑与历史文化这两方面的矛盾。

第二节　现代建筑的演进趋势与主要流派

谈现代建筑的演进趋势，就要谈西方现代建筑的流派。为什么要谈西方的建筑流派，而不谈其他地区的建筑流派呢？这主要是基于两个原因。首先，从人类建筑史的角度看，包括中国在内的其他地区的建筑往往只有风格，而没有明显的流派，更没有严格意义上的流派。例如，中国、埃及、印度这三个文明古国各个时期的建筑虽然各具个性风格，但难以形成严格意义上的流派。与之相比，西方社会建筑流派众多。其次，进入近代与现代后，其他地方如中国虽然也可能存在着一些建筑流派，但这些建筑流派也往往是受到西方建筑流派影响的结果，甚至就是西方近现代建筑流派的翻版。

在西方近现代建筑流派中，应特别提到的是三大流派，即复古派、现代派和后现代派。

一、复古派及复古派建筑

复古派兴起于西方工业革命后，即 18 世纪中叶至 19 世纪末。从思想背景来看，它是资产阶级启蒙主义思想影响下的产物。它的基本倾向是回到古代，复兴古典建筑的风格。在这一大流派中，由于复兴的对象不同，其又可分成三个小流派：一派为古希腊与古罗马建筑复兴派，一派为哥特式建筑复兴派，一派为折中派。这三派建筑倾向的形成，都与工业革命后新兴资产阶级的精神需要分不开。古希腊建筑风格的崇高典雅，正与新兴资产阶级建立理性国家的理想相一致；古罗马建筑风格的雄伟壮丽，恰与新兴资产阶级为政权而战的英雄主义气概相适应；而哥特式建筑风格的挺拔奔放，恰好契合新兴资产阶级追求个性解放的需要；至于折中派杂糅各种古典建筑风格的开放性特点，正与新兴资产阶级倡导的思想相配合。所以，从一定意义上来讲，这些复古主义建筑流派的出现，正是新兴资产阶级革命的需要。

古希腊与古罗马复兴派的中心在法国。这一派的建筑杰作有两座，一座为巴黎万神庙，另一座为巴黎凯旋门。巴黎万神庙是法国资产阶级革命时期的最大建筑，平面为古希腊建筑的十字式，穹顶分 3 层，内层直径为 20 米，虽比古罗马万神庙的尺度小，但由于采用了帆拱上面立鼓座、穹顶上面设采光亭的构图，因此高度达到 83 米。它的门廊与古罗马万神庙相似，采用列柱式构图，有 6 根 19 米高的柱子，上面刻着山花。与此同时，它又结合了哥特式建筑结构的特点，从而使整个建筑于古罗马建筑风格的明净庄严中又透出峻峭，象征性地体现了新兴资产阶级的气概和启蒙主义的精神。巴黎凯旋门，从造型来看，就是古罗马帝国铁达时凯旋门的翻版。它完全采用古典的构图手法，其技术规范也特别明显，中间的圆拱门高度正好等于两个拱圆，上部半个圆为圆拱部分，下部直线部分高度则为一个半拱圆，拱的圆心正位于整座凯旋门正方形的中心。如果在这个正方形上作两条对角线，那么这个圆心正好与对角线交点重合。这种技术规范充分体现了古典主义建筑构图严谨的特点。同时，在体量上它又超过了古罗马铁达时凯旋门，高 49.5 米，宽 44.8 米，几乎是古罗马铁达时凯旋门的四倍，有力地表现了法国新兴资产阶级代表人物拿破仑的英雄气概。

哥特式复兴的流派和思潮主要集中于英国，其典型的建筑杰作是英国国会大厦。英国国会大厦的设计人为查尔斯·巴里。这是一个建筑群，由上下议院、威斯敏斯特教堂、钟塔、维多利亚塔等组成。上下议院大厅十分豪华，是一圆形建筑，在大厅的走廊里，放置着许多珍贵的艺术品，包括巨幅的历史画和雕像。整个国会大厦的建筑形式都是哥特式的，注重高耸、尖峭。采用这种哥特式的建筑形式，与当时英国新兴资产阶级的民族情感分不开。

哥特式建筑的流行时代是英国 15 世纪初的亨利五世时代，而亨利五世曾一度征服过法国，率兵渡过英吉利海峡，在诺曼底登陆，长驱直入，占领了包括巴黎在内的法国大部分领土。正是为了颂扬这种民族自豪感，英国国会大厦采用了亨利五世时代所流行的这种建筑形式。又因为哥特式建筑充满浪漫情调，所以在习惯上人们又称这一时期的哥特式复兴建筑为浪漫主义建筑，哥特式复兴派也顺理成章地被称为浪漫派。

折中派的建筑主要盛行于法国。它的特点是以历史为蓝本，但不拘于哪一个时代的建筑，也不专注于哪一种风格，常常是将几种风格集于一身，故人们又称之为集仿主义。较为典型的例子是巴黎歌剧院，它的设计者就是折中主义的狂热崇拜者查尔斯·加尼叶。从正面看，这座建筑有一排宏伟的柱廊，这无疑是对古希腊建筑风格的模仿。一字排开的拱顶型的大门和大厅屋顶的穹顶，又无疑来自古罗马的建筑风格。与此同时，在正立面上又采用了洛可可的装饰风格，雕刻上采用了极其烦琐的卷曲草叶和花纹，将新兴资产阶级对财富的炫耀展现于此种华丽的风格上。

尽管复古派在建筑艺术方面创造了众多杰作，但是复古倾向往后看的思维定式，又天然地决定了它在创新方面的局限性，更何况复古派仅能适应一定时代的需要，当时代进一步向前发展，特别是工业革命带来了建筑材料、建筑手段的大变革后，复古派也就完成了它由古代向现代过渡的历史使命。进入 20 世纪后，一种更具创造活力的思潮和流派又被推到了建筑革命的前沿，这就是现代主义思潮及现代派。

二、现代派及现代派建筑

现代派出现于 19 世纪末，形成于 20 世纪前半叶，即两次世界大战之间，以后又不断发展，从而成为西方 20 世纪最具影响的建筑流派。

从流派的角度讲，现代派不仅是 20 世纪成就卓著、影响最大的流派，而且是建筑理论最完备、最系统，杰出人物最多的一个流派。从影响和成就来看，现代派建筑至少创造了建筑史上的"四个第一"。

首先，适应性最广。20 世纪以前，各种有影响的建筑风格和流派，大多体现在公共建筑上，如神庙、教堂、广场、宫殿等，而现代派建筑既适用于公共建筑又适用于民用住宅，既适用于现代大跨度、超高层、大体量的建筑，又适用于一般别墅、小桥、碑类的建筑。可以说，在今日的所有建筑类型中，现代派建筑的技术结构、造型特征、功能追求，均可被广泛使用。这种广泛的适应性，在建筑史上是前所未有的。

其次，影响面最宽，流行的时间也最快。现代派建筑出现仅一个世纪，它的足迹就已遍及城市乡村。然而，更古老的古希腊建筑风格传入别国却经历了一千年，古罗马建筑风格影响别国则经历了一千二百年，哥特式建筑的形式在欧洲被广泛使用则经历了四百年。这些古典建筑及其风格从发源地传入别处不仅花费的时间长，而且影响的范围也十分有限，影响所及主要限于欧美两处。而现代派仅仅在不到一百年的时间里就已在全世界落户生根。

再次，革命性最强、最彻底。作为造型艺术，现代派建筑与传统决裂得最彻底，创新的步子迈得最大。在西方建筑史上，哥特式建筑创新的步子是很大的，但仍斩不断与古罗马建筑形式和风格千丝万缕的联系。现代派建筑则彻底地摈弃了以前建筑的所有形式，在它们的身上，古希腊的柱式，古罗马的券拱，哥特式的扶壁、尖顶等荡然无存，有的只是简单、光明、鲜亮、经济适用、规整的各种方匣子及其变种。它们真正是现代的，是创新的，是最具革命意味的。尽管其创新中也有一些弊病，但仍掩饰不了它们卓绝的成就。王宗年先生还认为，现代派建筑在时代感方面也是第一。有了以上三个第一，已足以表明现代派建筑的成就与影响。

最后，从建筑队伍来看，现代派建筑的建筑大师也是最多的。所谓建筑大师，是指具有创造性的建筑设计师，从艺术风格的角度讲，则是指个性突出的建筑师，他们不仅有杰出的作品，也有成体系的理论。以此来衡量，古典建筑在几千年的发展中所涌现的大师，应当说是屈指可数的，这当然不是指古代很多建筑杰作找不到作者，而是从建筑风格的发展规律出发所做的判断。因为古代建筑的风格类型很明显，即共性很强，如古希腊的柱式，古罗马的券拱，哥特式的尖顶、扶壁。这些类型中的各个建筑作品也许有个性，但共性，特别是形体构造方面的共性总是存在的。所以，从严格意义上说，一种类型的建筑只有一位建筑大师，那就是这种类型建筑的创造者。后来的人在建造的建筑作品中只要没有脱离这种类型，不管他建造了多少建筑作品，他自己也算不上是一位建筑大师，只能算是一般的或略有成就的建筑师。以此来衡量，人类古代建筑史上的大师当然不会太多。而按此衡量，现代派建筑在短短近百年的时间里所产生的大师级建筑师起码有四位，他们是德国的格罗皮乌斯与路德维希·密斯·凡·德·罗（以下简称"密斯"），法国的柯布西耶，美国的弗兰克·劳埃德·莱特（以下简称"莱特"）。他们虽同属现代派，但建筑理论与建筑风格大相径庭。首先，可以从他们所创作的建筑作品中看出其不同。这些不同的作品，不仅表明了他们与传统建筑风格及类型的彻底决裂，而且表明了他们是现代派建筑中几种有代表性的建筑类型的创造者。

格罗皮乌斯的代表作是他 1925 年设计建造的包豪斯校舍。校舍由简单的几何形体组成，根据功能分区原则，校舍被分为三个部分，三个部分按使用特点采用不同的造型方式，外观上即有明显的区别。三个部分又按一定规则进行组合，形成风轮形的平面。设计中采用了不对称、不规则构图手法，建筑的大小、高低、形式和方向各不相同，靠建筑形体本身造成纵横错落、变化丰富的效果。整座建筑没有使用任何传统的附加装饰，突出了现代建筑本身的结构美、材料美，巧妙地把窗格、雨罩、挑台、栏杆等在玻璃墙面和抹灰墙面上组织起来，通过虚实、轻重、纵横等各种对比手法，得到了前所未有的简洁、清新、活泼、生动的构图效果和建筑形象。这一建筑形象既明白地显示了与传统的决裂，又体现了格罗皮乌斯技术美的理论。格罗皮乌斯认为，"艺术家和手工艺人之间没有本质的区别。艺术家是一位提高了的手工艺人"，因为两者都靠技术创造美。包豪斯校舍正是凭借结构美、材料美而显出其个性的，所以格罗皮乌斯也就成为现代派建筑中技术美风格的开创者和大师。

密斯是现代派建筑中"密斯风"的创造者。这种建筑风格的最大特点是彻底反传统，充分反映大工业时代的特点。他于 1929 年创作的巴塞罗那世界博览会德国馆，是其"密斯风"的代表作之一。它的第一个特点就是突破了传统建筑封闭的空间形式，采用开放、流通的空间布局，在建筑造型上一反传统建筑以手工方式精雕细刻和以装饰效果为主的方法，而主要靠钢铁、玻璃等新材料，表现由交接精确、处理简洁产生的现代美感。以这座建筑为代表的建筑风格鲜明地反映了大工业时代的特色，影响很大，追随者很多，以至形成了"密斯风"。

与格罗皮乌斯及密斯相比，法国现代派建筑大师柯布西耶的反传统性、革命性、个性更为激进和特殊。他曾说："建筑跟各种'风格'毫无关系。路易十五、十六、十四式或者哥特式，对建筑来说，不过是插在妇女头上的一根羽毛，它有时漂亮，有时并不漂亮，如此而已。建筑有更严肃的目的，它能体现崇高性，能以它的实在性触动最粗野的本能。"他自己的建筑创作，就是以"粗野的本能"为基调的。这种"粗野"，主要是指排除一切人为的修饰，让建筑离弃"偶然性的东西"，天然去雕饰，成为纯净的艺术。他于1952年创作的马赛公寓就是他这种激进态度和个性化理论的结晶。这是一座属于象腿式支承的框架结构的建筑，底层为开敞透空的支柱层，支柱层上有17层，第7层到第8层为商店和公共设施，设有餐馆、酒店、药房、邮电局、旅馆等，其他为居民住层，有2种到3种户型，可供337户1 600人居住。公寓两面开窗，一面对着地中海，一面正对着山景。屋顶有露天剧场、游泳池及300米长的环形跑道和儿童游戏场。最特殊的是整个墙面采用清水混凝土形式，不施装修，混凝土浇筑时留下的模板印痕清晰如初，给建筑物带来一种不修边幅的粗野风度，因而被人们称为"野性主义"的代表作品。该建筑采用支柱层、自由平面、自由立面、横向长窗及屋顶花园等手法，完全抛弃了传统建筑的风格与结构模式，因具有柯布西耶的"新建筑的五个特点"及"野性风格"而名噪一时。

美国的莱特则是现代派建筑大师中有机建筑理论的创造者与实践者。他不仅与他的现代派同伴们一样是冲破传统建筑种种成规的闯将，而且是最早突破现代派建筑的基本体形 —— 方匣子体形的大师。他设计的空间既交融流通、灵活多变，又清幽恬静、诗意盎然，他既尽力运用新材料和新结构，又始终重视和发挥传统建筑材料的优点，并善于把两者结合起来。他的建筑作品既注重强烈、鲜明的个性，又匠心独运地顺应环境的特点，让个性鲜明的建筑与环境紧密结合，成为环境的一部分。他既重视建筑形体本身由内而外的自然和真实，又十分强调建筑内部各组成部分的相互关系和整体性。他的建筑作品是他所主张的有机建筑理论的生动体现。1936年，莱特创作的流水别墅，是他有机建筑理论的全面体现。这幢建筑内外既对立又统一，环境与建筑也是既对立又统一，不仅建筑自身的形态、色彩是既对立又统一的，而且飞流的小溪与静立的建筑也构成动静一体的有机统一，充分地显示了现代派建筑的生命活力与美学效果。

现代派及现代派的建筑是丰富多彩的。仅从上面介绍的四位大师的作品，我们已可看出它们现代化的风格了。如果说现代派建筑有共同特点，这个共同特点就是现代化。这种现代化的特点包括紧密相连的两个方面。

第一个方面是思想出发点的现代化。他们已从先前传统建筑的为神、为贵族、为皇帝造屋的目的中跳了出来，更多地着眼于社会的广大民众，为广大民众造公共建筑，造住宅。柯布西耶就说过："当今的建筑专注于住宅，为普通而平常的人使用的普通而平常的住宅，它任凭宫殿倒塌。这是时代的标志，为普通人、所有的人研究住宅，这就是恢复人道的基础，人体的尺度，典型的需要，典型的功能，典型的情感。就是这些，是首要的，这是一切。可敬的时代，它预示人类将抛弃豪华壮丽。"正是从为普通人的思想目的出发，现代派强调建筑的功能，反对无实际意义，只为炫耀财富的装饰，强调建筑的形式与功能的统一。密斯就曾指出，"在我们的建筑中试用以往时代的形式是无出路的"，"必须满足我们的现实主义和功能主义的需要"，"形式不是我们工作的目的，它只是结果"。正是因为强调为普通人造房子，他们强调建筑的实用、价格的低廉，强调建筑的艺术与技术结合。格罗皮乌斯明确指出，"物体是由它的性质决定的，如果它的形象很适合于它的工作，它的本质就能被人看得清楚明确。一件东西必须在各方面都同它的目的性配合，也就是说在实际上能完成它的功能，是可用的、可信赖的，并且是便宜的""艺术的作品永远同时又是一个技术上的成功"。

第二个方面是艺术上的个性化。这种个性化的绝对要求是"避免一切僵化，创造性至上"。避免僵化是创造性的前提，创造性的目的就是突破僵化。正因为如此，他们猛烈反传统。正因为如此，他们自身绝不囿于某种不变的造型规则，绝不像传统建筑一样一定要有柱或穹顶或尖顶，而是顺其自然，根据建筑功能和环境的特点设计出既凝聚时代特点，又具有鲜明个性的千姿百态的建筑杰作。可以说在现代派的建筑作品中，特别是在四位大师的建筑作品中，不仅在他们四人之间难以找到相互雷同的作品，而且在一个作者的建筑作品中也难以找到两座风格相似的作品。

当然，现代派也有缺点。正是这些缺点引出了现代西方的又一种建筑思潮与流派，这就是后现代主义思潮与后现代派。

三、后现代派及后现代派建筑

顾名思义，后现代派就是继现代派之后的一种思潮、一种派别。后现代派的诞生，是由于对现代派建筑的不满。正是在对现代派建筑的不满中，后现代派形成了自己建筑的特点。而这些特点，从一定意义上讲不仅是对现代派建筑既有风格的超越，也是对现代派建筑缺憾的自觉弥补。

现代派建筑十分强调建筑的功能，主张形式服从功能，而这里的功能主要是指建筑的物质功能。正是为了弥补，或更确切地说是为了纠正现代派建筑的这种偏颇，后现代派强调建筑的精神功能，特别是其审美功能。正如美国后现代派建筑师罗伯特·文丘里所说，他"喜欢复杂而不喜欢单一，喜欢矛盾而不喜欢同一"。现代派建筑很显然也是非单一的，其形象是个性鲜明而丰富多彩的，这一点在上面的介绍中已经谈到了。但现代派过于强调建筑物质功能的价值追求及由此形成的创作倾向，使现代派的建筑在一定程度上忽视了建筑的精神功能对建筑作为艺术品的意义。现代派"形式服从功能"主张的提出及展开的实践就是这种偏颇的直接表现。后现代派着重从强调建筑的精神功能的角度来拨正现代派的偏颇，可以说是中肯的。

现代派是以猛烈而彻底地反传统著称的。反传统的结果，一方面带来了积极成果，创造出了众多崭新的建筑形象，丰富了建筑艺术的画廊；另一方面也带来了一定的消极影响，切断了建筑艺术的历史文化传统，使人感到现代派建筑艺术仿佛不是从历史文化中发展过来的，而是工业革命的机器轧出来的，满身渗透着现代文明的工业味，而不见历史文化的气息。因此，后现代派建筑与其针锋相对，着力强调建筑的继承关系，强调建筑的文化传统。后现代派的许多建筑都表现了这种强烈的历史文化意识和对历史遗产的继承意识，如美国新奥尔良市的意大利广场。这座广场建筑可以说是强调历史文化性的后现代派建筑的代表作。这个广场的建筑丰富多彩，但基本风格是传统的罗马式和巴洛克式。广场上有一个大水池，池中有一个半岛，其形状是意大利亚平宁半岛的形状。正中一个空框，三个长方形的门洞，使人联想到古罗马的君士坦丁凯旋门。广场的后壁，在高高的台阶上是一个巨大的圆拱形门廊，对称，庄重，使人们立即理解这是意大利巴洛克建筑文化的映射，这个大圆拱门能使人联想到罗马的特列维喷泉广场上的建筑模式。还有许多柱廊、台阶、倚柱等，形成一种历史的环境，用鲜明的造型、手法，表现出现代建筑与欧洲传统建筑的文脉关系。与此同时，它又用后现代派建筑特有的语言表明了自己的现代性，如柱廊上的柱头形状让人想起爱奥尼克柱式或科林斯柱式，但在质地上，它们又不是石头的，而是不锈钢的，并且还装着现代意味的霓虹灯。此类造型，可谓将后现代派的良苦用心淋漓尽致地表现出来了。一方面，后现代派要恪守文脉，显现建筑文化的继承性；另一方面，其又不愿步复古派的后尘，一味复兴传统，于是只好半古代半现代。此种特点究竟是否合理值得商榷，因为许多存在的不一定是合理的，但后现代派建筑重视艺术的继承与革新的辩证关系，注重在继承中革新、创造的思路与做法还是有意义的，也是应该充分肯定的。

现代派建筑是最讲个性的，正因为讲个性，所以在建筑语言的使用上就自然将那些凝聚了深厚的历史文化人性内涵的造型方式、结构方式，甚至部件、形体统统革除，用全新的现代建筑语言表情达意。而现代派建筑语言因历史短，或没有历史，其象征与隐喻的意味就不明显、不深厚。后现代派兴起以后，着力提倡建筑语言的隐喻性及隐喻意味的丰富性，这也就成了后现代派建筑的一个重要特点。后现代派的建筑家常常从语言文化学和语言哲学的角度倡导和研究建筑语言的"所指"与"能指"。例如，他们认为古希腊柱式的语义中，多立克柱式隐喻男性、单纯、直率，而爱奥尼克柱式则隐喻女性、复杂、修饰。笔者认为，现代建筑也应如此确切地运用各种隐喻意味强烈的语言，不应随意而为，更不应不管建筑语言隐喻、象征的功能，只用方匣子的形体语言，让人不明白它想表达什么。

后现代派建筑如今还在不断地产生各类建筑作品，并在世界范围内产生了一些影响。随着时代的不断前进，这一股思潮及其流派是否能继续扩大影响，还有待历史的检验，简单地肯定或否定都难以令人信服。所以，这里主要介绍了一些后现代派建筑的基本特征，目的是让人们了解它，从而更好地去研究它。

第三节　现代建筑与自然环境的关系

一、现代建筑与资源耗费问题

建筑的建造与运行在任何时代都会耗费资源与能源，工业革命以后，特别是现代建筑兴起之后，现代建筑被视为一台巨大的机器，它的建造与运行所耗费的资源与能源之多之大，是传统建筑根本无法相比的。第一，工业化、城市化及人口剧增必然对建筑在数量和质量上的需要持续高涨。第二，建筑业以产业化、商业化的方式来大规模、标准化地进行建造与经营，成为追求经济增长的急先锋。第三，在物理功能上，传统建筑往往只起着"庇护所"或"过滤器"那样的简单功能，而现代建筑则通过集成各种技术设备产生多种多样的复杂功能，从而满足人的各种需要。第四，从建筑单体上讲，现代建筑的空间尺度与规模也是传统建筑无法相比的。第五，现代城市的道路、桥梁、广场等设施已经构成了复杂而庞大的系统。这些因素决定了现代建筑对土地资源、水资源，以及各种建筑材料、建筑设备、能源的巨大耗费，加剧了世界范围内的资源短缺和能源危机。

（一）土地资源的严重稀缺

众所周知，在地球约 5.1×10^8 平方千米的总面积中，大陆和岛屿面积只有 1.49×10^8 平方千米，占地球总面积的 29.2%，无冰雪覆盖的陆地面积仅为 1.33×10^8 平方千米。其中，适于人类居住的"适居地"仅有 30%，面积为 3.99×10^7 平方千米，按 1987 年世界人口 50 亿人计算，人均占有量约为 0.8 公顷，可耕地占 60% ～ 70%，住宅、工矿、交通、文教与军事等用地占 30 ％ ～ 40 ％。我国适宜城镇发展的国土面积仅为全国总面积的 22 ％，由于人口众多，人均占有量仅为 0.22 公顷，其中耕地占了 60 ％。可以说，人地关系高度紧张。土地资源作为不可替代的稀缺资源，既是生产要素和生存生活的物质基础，又是生态环境的基本要素。城市的过度扩张、建筑的过度开发，必然使原本稀缺的土地资源越发稀少，进而造成生态环境的严重恶化。

（二）水资源的严重浪费

水是生命之源。水是人类社会发展不可缺少的和不可替代的资源。水与其他资源不同，它具有相互竞争甚至是相互冲突的三重功能：作为环境要素，要维持生态环境平衡；作为生命要素，要维系人类生命安全；作为经济资源，要支撑社会经济发展。

由于在工业化、城市化的进程中对水的竞争使用，一般形成城市用水和工业用水挤占农业用水，农业用水又挤占生态用水的局面。随着城市化进程的加速，城市人口的大幅度增长，城市需水量和污水排放量会同步增长。20 世纪 70 年代以前，现代建筑占垄断地位的时期，人们几乎没有节约用水的意识，城市规划、建筑设计都没有将节水作为一项重要的设计内容，更没有统筹、综合利用各种水资源，增加水资源循环利用率，减少市政供水量和污水排放量的思路，致使在建筑的建造与运行中，水资源浪费严重，建筑用水甚至占城市用水的 48 ％。然而，全球水资源状况迅速恶化，"水危机"日趋严重。据水文地理学家的估算，地球上的水资源总量约为 1.38×10^9 立方千米，其中 97.5 ％是海水，淡水只占 2.5 ％，而绝大部分淡水为极地冰雪冰川和地下水，适宜人类使用的仅占 0.01 ％。我国是一个严重缺水的国家，我国的淡水资源总量为 2.8×10^{12} 立方米，占全球水资源的 6 ％，居世界第六位。但是，我国的人均水资源量只有 2 300 立方米，仅为世界平均水平的 1/4，是全球人均水资源最贫乏的国家之一。然而，我国却是世界上用水量最多的国家。可见，加强水资源保护、改善生态环境已经刻不容缓。

（三）巨大的建筑物耗

由于建设数量的巨大，建筑单体的庞大，现代建筑的建造与运行必然耗费难以估量的原材料。现代建筑物大体上可分为结构系统和服务设施系统。结构系统从地基、建筑主体、门、窗到室内外装饰，需要大量使用钢材、水泥、砖、木材、铝材、玻璃、石材、塑料、各种装饰材料等。而服务设施系统包括照明、电梯、空调、通风、供热、消防、安全监控、通信网络、各种功能设备等，它们的生产、制造、安装同样需要耗费大量各种各样的原材料。这些现代建筑材料、建筑设备、建筑机械等的生产、制造与运输，都构成了经济社会的庞大产业链，每天都在消耗着巨量的自然资源和能源，人类从自然界获得的 50% 以上的物质原料用来建造各类建筑及其附属设施，掠夺式的开采使得许多不可再生的矿产资源濒临枯竭，许多可再生的森林资源来不及再生。

我国建筑物原材料消耗与发达国家相比情况更为严重。比如，我国住宅建设用钢平均每平方米 55 千克，比发达国家高出 10% ~ 25%，水泥用量平均为每立方米 221.5 千克，每一立方米混凝土比发达国家多消耗 80 千克水泥。从土地占用来看，发达国家城市人均用地为 82.4 平方米，发展中国家平均为 83.3 平方米，我国城镇人均用地约为 130 平方米。同时，从住宅使用过程中的资源消耗看，与发达国家相比，我国住宅使用能耗为相同技术条件下发达国家的 2 倍至 3 倍。从水资源消耗来看，我国卫生洁具耗水量比发达国家高出 30% 以上。

（四）巨大的建筑能耗

建筑耗能与交通耗能、工业耗能已经成为全球耗能的三支主力军。尤其是建筑对能源的消耗逐渐呈加速度势头上升，这主要源于人们对生活、居住环境舒适度的刚性需要，再加上建筑总量的不断增加。降低建筑耗能已经刻不容缓。

建筑的能耗约占全社会总能耗的 30%，其中最主要的是采暖能耗和空调能耗，占 20%，而这 "30%" 还仅仅是建筑物在建造和使用过程中消耗的能源比例，如果再加上建材生产过程中耗掉的能源，以及和建筑相关的能耗，将占到社会总能耗的 46.7%。目前，我国每年新建房屋面积 2×10^9 平方米，

99 ％以上是高能耗建筑，单位建筑面积采暖能耗为发达国家新建建筑的 3 倍以上。而既有的约 4.3×10^{10} 平方米的建筑中，只有 4 ％采取了能源效率提高措施。中国的发展面临着环境恶化和资源、能源的限制，要实现可持续发展的目标，推广节能建筑、减少建筑能耗是至关重要的。

在我国，有一个现象值得一说，即"大型公共建筑的建筑面积占城镇建筑面积总量不到 4 ％，却消耗了建筑能耗总量的 22 ％"。我国大型公共建筑单位建筑面积每年的耗电量为每平方米 70 千瓦·时～ 300 千瓦·时，为住宅耗电量的 5 倍至 15 倍，是建筑能源消耗的高密度领域。住房和城乡建设部原副部长仇保兴曾这样形容当下的大型公共建筑，"罩着玻璃罩子，套着钢铁的膀子，空着建筑身子"。在他看来，目前我国公共建筑追求新、奇、特，管理粗放，已经成为浪费能源的典型。江亿院士用"黑洞"来形容大型公共建筑造成的能源消耗。据其介绍，北京市一般家庭空调的平均电耗是每平方米 2 千瓦·时，而大型公共建筑的平均电耗是每平方米 60 千瓦·时～ 70 千瓦·时；一般家庭的空调半年大约运行 400 个小时，而大型公共建筑的空调半年大约运行 1 800 个小时。实际上，空调长时间低温运行所造成的能耗只是大型公共建筑能耗巨大的原因之一。可以说，更为根本的原因在很大程度上是建筑设计上的缺陷。在一些业内专家看来，很多大型公共建筑都使用大玻璃幕墙，完全不考虑避阳、绝热等措施，造成了巨大的能耗损失。一般建筑物窗与墙的单位能耗比例为 6∶1，而大面积采用玻璃幕墙，夏季室内热，冬季又不挡寒，多数摩天大厦不得不加大功率，开启空调以调节室温，能源高消耗触目惊心。这些设计基本上是在现代建筑观下进行的，上述现象正是这种建筑观忽视建筑与自然环境关系所造成的恶果。

我国目前在发展绿色建筑中提出的四节（节能、节材、节水、节地）和一环保（环境保护）的方针，就是针对现代建筑的种种弊端而采取的措施。

二、现代建筑与生态环境问题

生态环境问题一般可以分为两类：一是不合理的、掠夺式的开发利用自然资源所造成的生态环境破坏；二是城市化和工农业高度发展所引起的"三废"（废水、废气、废渣）污染、光污染、噪声污染、农药污染等环境污染。现代建筑的建造与运行，不仅要耗费大量的资源与能源，加剧全球性的资源与能源危机，而且要向自然环境排放大量的废气、废物，造成环境污染和生态破坏，这两方面必然进一步加剧全球性的生态环境问题。

（一）现代建筑与全球气候变暖

全球的气候变化与空气有关，空气的主要成分是氮气、氧气和氩气，它们占 99% 以上。但引起气候变化的主要是二氧化碳，虽然它仅约占空气总量的 0.03%。二氧化碳之所以非常重要，一方面是因为它能够吸收、反射能量，保持地球表面的温度；另一方面，在地球的各种活动中起主要作用的碳就是来源于二氧化碳。

全球气候变暖指的是在一段时间中，地球的大气和海洋温度上升的现象，主要是指人为因素造成的温度上升，原因就是温室气体（包含二氧化碳、甲烷、氯氟化碳、臭氧、氮的氧化物和水蒸气等）排放过多。近百年来，全球平均气温总体上呈上升趋势。进入 20 世纪 80 年代后，全球气温上升更加明显。全球变暖的后果，会使全球降水量重新分配，冰川和冻土消融，海平面上升等，严重危害着自然生态系统的平衡，威胁着人类的食物供应和居住环境。

人类燃烧煤、石油、天然气和树木，产生大量二氧化碳和甲烷，这些进入大气层后使地球升温，使碳循环失衡，改变了地球生物圈的能量转换形式。自工业革命以来，大气中二氧化碳含量增加了 25%，远远超过科学家可以勘测出来的过去 16 万年的全部历史纪录，而且目前尚无减少的迹象。要遏制气候变暖的趋势，现在就必须将全球温室气体排放控制在极低的水平。

现代建筑在全球气候变暖的过程中扮演一个什么样的角色呢？据估计，在建筑的整个生命周期中，大约消耗了 50% 的能源、48% 的水资源，排放了 50% 的温室气体及产生了 40% 以上的固体废料。从建材的生产到建筑物的建造和使用，这一过程动用了最大份额的地球能源并产生了相应的废气、废料。可见，在现代的人类事务中，现代建筑的建造与运行、使用是消耗资源、能源，排放二氧化碳等温室气体的真正大户。究其根本原因，在于现代建筑严重忽视了人—建筑—自然之间内在的有机联系，把现代建筑当作一台机器来设计与建造，仅依靠各种工业建材和技术手段来实现多种多样的建筑功能。

（二）建筑垃圾的污染

废弃物，即生活垃圾和工业垃圾，指的是工业生产和居民生活向自然界排放的废气、废液、固体废物等，它们严重污染空气、河流、湖泊、海洋和陆地环境，以及危害人类健康。目前，市场上有 7 万至 8 万种化学产品，其中对人体健康和生态系统有危害的约有 3.5 万种，致癌、致畸和致灾的有 500 余种．城市垃圾的一个共同特点是或多或少地含有有毒或有害成分。比如，一节一号电池能污染 60 升水，能使 10 平方米的土地失去使用价值，其污染可持续 20 年之久。塑料袋在自然状态下能存在 450 年之久。城市垃圾的堆置与处理已日益成为工业化国家所面临的难题。一个国家或城市的经济水平越高，其废弃物的数量也越大。据统计，中国城市垃圾历年堆存量已达 60 亿吨，侵占土地面积达 5 亿平方米，城市人均垃圾年产量达 440 千克。

建筑垃圾是城市垃圾的最大类，是建设施工过程中产生的垃圾。按照来源分类，建筑垃圾可分为土地开挖垃圾、道路开挖垃圾、旧建筑物拆除垃圾、建筑工地垃圾和建材生产垃圾五类，主要有渣土、砂石块、废砂浆、砖瓦碎块、混凝土块、沥青块、废塑料、废金属料、废竹木等。与其他城市垃圾相比，建筑垃圾具有量大、无毒无害和可资源化概率高的特点。我国建筑垃圾产量一般为城市垃圾总量的 30%～40%，每年产生量为 4 000 万吨至 5 000 万吨。绝大多数建筑垃圾是可以作为再生资源重新利用的。但在国内，由于配套管理政策不完善，绝大部分建筑垃圾未经任何处理，便被施工单位运往郊外或乡村，采用露天堆放或填埋的方式进行处理，占用大量的土地，垃圾绕城的现象十分严重。同时，清运和堆放过程中的遗撒和粉尘、灰沙飞扬等问题又造成了严重的环境污染。

（三）现代建筑的光污染

现代建筑设计尤其喜爱采用玻璃、钢材、不锈钢、抛光装饰石材、外墙瓷砖等现代工业建材，外立面采用大面积玻璃幕墙装饰几乎成为现代建筑的标志，这些年在发展中国家更是大为流行，成为现代化的象征。夜间，现代建筑又被各种各样外打灯、荧光灯、霓虹灯、黑光灯、广告灯等装扮得分外妖娆。殊不知这美丽的背后却隐藏着严重的白亮污染、彩光污染、视觉污染等光污染。

光污染一般指影响自然环境，给人类正常生活、工作、休息和娱乐带来不利影响，损害人们观察物体的能力，引起人体不舒适感和损害人体健康的各种光。紫外辐射、可见光和红外辐射，在不同的条件下都可能成为光污染源。在日常生活中，人们常见的光污染多由镜面建筑反光导致，如行人与司机的眩晕感，以及夜晚不合理灯光给人体造成的不适。当太阳光照射强烈时，城市里建筑物的玻璃幕墙、釉面砖墙、磨光大理石和各种涂料等装饰反射光线，明晃白亮、炫眼夺目。镜面建筑物玻璃的反射光比阳光照射更强烈，其反射率可为 82 % ~ 90 %，光几乎全被反射，大大超过了人体所能承受的范围。专家研究发现，长时间在白色光亮污染环境下工作和生活的人，视网膜和虹膜都会受到不同程度的损害，视力急剧下降，白内障的发病率高达 45 %。还会使人头昏心烦，甚至产生失眠、食欲下降、情绪低落、身体乏力等类似神经衰弱的症状。城市中建筑的光污染已经引起了社会的强烈反应。

（四）建筑施工的噪声污染

噪声污染是指环境噪声超过国家规定的环境噪声排放标准，并干扰他人正常工作、学习、生活的现象。工业机器、建筑机械、汽车飞机等交通运输工具产生的高强度噪声，给人类的生存环境造成极大破坏，严重影响了人类身体的健康。

建筑施工噪声来源于机械作业时发出的响声，如打桩机、柴油发电机、挖土机、搅拌机、振动器、电锯、电钻等，最高声源可达 145 分贝（距声源 5 米处），这些机械噪声到达施工场界时（距离以 50 米计），噪声的声压级仅衰减 1/3 左右。对建筑施工现场的噪声监测结果表明，一般在建筑施工场地土石方阶段场界噪声可达 80 分贝，基础阶段（指机械打桩）可达 90 分贝，结构阶段可达 75 分贝，均超过了规定的相应标准限值，夜间施工噪声超标幅度则更大。

低频的振动声、间断的撞击声、刺耳的锯木声等使周围居民无法入睡，身心健康遭到极大的损害。据美国学者观察，生活在嘈杂环境中的 8 个月大的婴儿，对大小、距离、方向的理解力均比正常儿童低。法国研究人员的实验也显示：噪声在 55 分贝时，孩子的错误理解率为 4.3 %；噪声在 60 分贝时，孩子的错误理解率上升至 15 %。噪声的危害已逐渐被人们认识，因此近年来公众对噪声污染的投诉率居高不下。

对于人类来说，建筑和自然缺一不可，这二者需要一个合适的"度"来相互依赖、相互融合、相互影响，任何一方凌驾于另一方之上，都将无法实现人类、建筑与生态的和谐并进。将自然过多地推崇于城市建筑之上，会使得建筑在设计、建造时过多地顾及对自然环境及生态平衡产生的负面作用，而导致最终落成的建筑的很多功能无法满足现代人类日益提高的居住需求，从而使建筑从根本上丧失了其本身的意义。反之，如果将城市建筑凌驾于自然环境和生态平衡之上，忽略对大自然的尊重和保护，对大自然过度开发挖掘，破坏了生态平衡，这不但违背了建筑基本功能的本意，也割裂了人与自然的关系，使人类走向另一个极端。现代建筑师基于主客体二元对立及人类中心主义的立场，使得现代建筑观漠视人与自然的内在有机关系，仅把自然环境当作建筑的外在变量，把建筑作为一种人工物与自然界相互对立，力图通过建筑的功能来实现人类对自然的抗争。

第四节　现代建筑与历史文化的关系

一、现代建筑引发的历史断裂问题

现代建筑的一个显著特征，就是崇尚简洁，反对装饰，故而基于反对传统、反对历史的立场，现代建筑认为装饰是民族素质低下的标志。这些言辞虽然偏颇，但对于摆脱传统的桎梏、争得自由具有重要的历史意义，同时也为传统的建筑提供了现代化因素，给其发展注入了强大的生命力。但与此同时，现代建筑为了适应现代化的工业生产，而采用了新材料和新工艺，从而使建筑像工厂中的产品那样可以到处"复制"，于是人类文化的激情被钢筋混凝土遮蔽，建筑中本来具有的历史感和时间性逐步消失，而日趋统一化和雷同化。在现代建筑的丛林中，很少看到古典建筑那种感动人心的历史文化的分量。在现代建筑的大潮中，文化的连续性被割裂了，现代和传统之间有了一道深深的裂痕。

概略地说，从古希腊、古罗马直至 19 世纪，西方的石材结构、工匠技术、源于罗马的建筑规范和建筑理论的美学体系，构成了西方建筑的传统。从历史上看，古希腊是一个人神"同形同性"的时代，所以建筑艺术向我们展示的是人与大自然的和谐相处，是人与神的融合，那些象征着人体美的柱式，实际上也暗喻着有完美的自然力的神，它极为形象地表现出人与自然（神）走向融合的所谓"静穆的伟大"。中世纪文化对基督教的信仰统摄一切，人们怀着对上帝的虔诚和崇拜来审视周围的世界，建筑的形式也只不过是这种观念的表征。哥特式建筑便是一个典型的范例，从它的外观造型设计到内部繁缛的装饰，使一切自然物质材料找到了非物质化的表现可能。建筑的语言凝固了神圣的宗教精神，精神的臆想远远地超越了物质的形式规定。教堂内部的飞扶壁，柱子向上耸立伸展，在上方构成庞大的拱形顶，表现出一种自由地向遥远天国飞升的外貌。"方柱变成细瘦苗条，高到一眼不能看遍，眼睛就势必向上移动，左右巡视，一直等到看到两股拱相交形成微微倾斜的拱顶，才安息下来，就像心灵在虔诚的修炼中先动荡不安，然后超脱有限世界的纷纭扰攘，把自己提升到神那里，才得到安息"，从而达到人神合一的境界。而文艺复兴时期，人们认为人与自然必须在新的意识层面上重新走向和谐，只要人的平凡情感与自然和谐一致，就能创造出美的建筑形式，所以他们把探索的目光投向了古希腊、古罗马艺术，显示了回归传统的努力。

从文艺复兴开始，西方进入了长达四个多世纪的古典建筑时期。这一时期的建筑，其功能基本上是为宗教和皇室贵族服务的，故建筑的类型也相对单一，主要是教堂、宫殿、府邸和一些纪念性建筑，建筑的结构仍以石结构为主，内部空间的组合也不复杂。源于古希腊的美是和谐的理想和对形式美的追求，仍是建筑理论家崇奉的观点，严谨的古典柱式又成为控制建筑布局和构图的基本要素。他们直接从古希腊、罗马建筑中汲取营养，重新肯定了比例、对称、均衡等形式美原则，并将之运用于建筑。莱昂·巴蒂斯塔·阿尔伯蒂说："我认为美就是各部分的和谐，不论是什么主题，这些部分都应该按这样的比例和关系协调起来，以致既不能再增加什么，也不能减少或改动什么，除非有意破坏它。"安德烈亚·帕拉第奥也说："美产生于形式，产生于整体和各个部分之间的协调，各个部分之间的协调，又是部分和整体之间的协调，建筑因而像个完整的、完全的躯体，它的每一个器官都和旁的相适应，而且对于你所要求的来说，都是必需的。"由于西方传统建筑建立在"美是和谐和多样统一"的思想基础之上，无论其具体风格如何随着时代而变，仍始终保持着某种历史的延续性。

　　然而，到了19世纪，现代主义观念开始流行到建筑界，一些具有前卫意识的有识之士，在工业革命带来的社会生产、生活方式急剧变化这一情形的感召下，开始反对传统，渴望新建筑。工业技术给西方建筑带来了全方位的根本性变革，工业化生产的发展促使建筑科学有了巨大的进步，新的建筑材料、结构技术、施工方法的出现，为建筑的发展开辟了广阔的前景。建筑的功能复杂了，类型增多了，厂房、车站、商店、宾馆、银行等工业性建筑和商业性建筑应运而生，古典建筑的简单空间形式已不能适应时代发展的要求，打破传统建筑的历史延续性势在必行。经过几十年的发展，到20世纪初，现代建筑以全新的面貌登上了历史的舞台。

　　现代建筑一问世，就以科学与理性为逻辑的起点，把自己的审美观建立在理性主义基础之上，并将工业生产体系引入现代建筑之中，提倡建筑的工业化、标准化和机械化，确立了机械美学的地位。人们对建筑的认识也随之发生了重大的变化，形成了不同于此前任何时代的建筑观，即彻底摒弃无用的装饰成分，强调功能至上、经济实用、合乎逻辑、概念清晰，追求简单、重复、明快、光亮、平直的视觉效果。这样，建筑的外观就像机器一样直接反映其功能，具有了工艺美的艺术特点。在这种观念支配下，功能成了建筑

27

的主要目的，技术变成了人类的"图腾"，柯布西耶的"住宅是居住的机器"，阿道夫·路斯的"装饰即罪恶"，密斯的"少就是多"，都概括了他们对功能理性、技术至上、造型简洁、反对装饰等教条的狂热追求，标志着崇尚技术、功能的审美观的崛起。

现代建筑力图以工业化、技术化的形式，打倒传统建筑的古典形式，对历史上的古典建筑法则进行全面的否定。在现代建筑大师看来，古典主义建筑所标榜的以和谐为理想的形式美的原则已远不能适应时代发展的需要，那些置建筑的功能于不顾，动辄使用古典柱式、细部装饰、立面构图的设计手法，已完全割裂了建筑形式与功能、结构之间的内在联系，既显得牵强附会，又浪费大量的人力、物力和财力。现代建筑正是要"粉碎并且批判地抛弃古典原则，抛弃诸如柱式、先入为主的设想、细部之间的固定搭配，以及各种形式和种类的陈规旧习"，因而崇尚工业技术，强调功能至上，并以此作为建筑设计的出发点，注重建筑使用时的方便和效率，几乎成为现代建筑大师的共同追求。

现代建筑以造型简朴、经济实惠的特色在满足战后西方大规模的房屋建设中发挥了重要作用，适应了大工业生产发展的需要，体现了新的时代精神，这是毋庸置疑的。但是，它所标榜的"形式服从功能"的功能主义，"少即是多"的简洁主义和构图设计上的几何原则，以功能实用替代了大众的审美情感，以设计手法的简洁替代了创作风格的丰富多样。这样，建筑就变成了方盒子式的居住机器，千篇一律而又冰冷无情，忽视了人的心理情感、历史文化和风俗习惯，割断了人类与历史的联系，最终迷失在功能主义和技术主义的教条之中，把建筑的发展引向了割断历史传统从而使其丧失了文化意义的境地。

这种脱离了历史传统的现代建筑观，乘着全球化的浪潮，以国际主义的风格形式，风靡世界。其不仅在精神上改变了人们对建筑的认识与体验，而且现实地改变了西方发达国家，以及追求工业化、现代化的发展中国家的城市面貌与建筑样式。置身于现代主义的城市建筑群中，人们将会丧失深厚的历史感。

　　中国传统建筑在数千年的历史发展过程中，虽历经多次的社会变革、朝代更替、民族融合及不同程度的外来文化影响，但不同时代的建筑活动，无论是在建筑的用材上，还是在建筑的结构技术上，都没有发生根本性的变革，有的只是建筑形式的丰富与完善。以土木和砖石为材，木梁柱框架结构，庭院式组合布局为主的建筑模式一直是中国传统建筑的主要模式，数千年来一脉相承，持续发展，日臻完善，独树一帜，逐步形成鲜明而稳定的高度程式化发展模式，成为世界上延续时间最长的建筑体系。梁思成先生曾说："历史上每一个民族的文化都产生了它自己的建筑，随着这文化而兴盛衰亡。世界上现存的文化中，除去我们的邻邦印度的文化可算是约略同时诞生的弟兄外，中华民族的文化是最古老，最长寿的。我们的建筑也同样是最古老，最长寿的体系。在历史上，其他与中华文化约略同时，或先或后形成的文化，如埃及，巴比伦，稍后一点的古波斯，古希腊，及更晚的古罗马，都已成为历史陈迹。而我们的中华文化则血脉相承，蓬勃地滋长发展，四千余年，一气呵成。"这数千年的"一气呵成"，无论如何都能说明它体系的稳定和顽强的生命力量。

　　然而，鸦片战争以来，西方建筑逐步打破了中国传统建筑一统天下的格局，西方风格的建筑式样也在中国本土日益增多。中国人对待西方建筑的态度由鄙夷、猎奇到接受、欣赏、推崇，在建筑审美观念上发生了重大变化。传统建筑的"中和之美""中庸之美"受到西方建筑审美趣味和形式的强烈冲击。随着近代社会的变化，尤其是近代工业、商业、经济的发展，中国传统建筑的木构架型制、大屋顶及合院布局型制已无法满足社会、生产和生活对建筑类型的功能性多样化和灵活性的新要求。同时，西方工业文明带来的新的建筑技术和材料及先进的施工方法，也对中国传统建筑所依赖的天然材料和手工操作方式造成了强烈的冲击。中国传统建筑在设计观念、建筑材料和施工技术等方面的转型也就成为历史的必然选择。

　　从根本上讲，近代中国建筑文化的转型，本质上是被动的适应性转化而不是主动的创造性转化。在实现工业化、现代化的历史进程中，现代建筑已经成为中国建筑发展的主要选择，中国传统建筑的历史被割断了。时至今日，这一状况依然没有得到根本性的改变。改革开放后，随着外来的后现代主义思潮的介入，历史主义、地域主义、文化多元主义等主张明显地影响了中国的建筑界，由于现代主义的诸多观念更适合中国当下的高速发展，现代主义的建筑观仍将在相当长的时期内居于主导地位。但是，我们应该看到，历史和文化的民族性才是一个国家建筑精神的根本，这要求我们以一种尊重历史的态度，重新审视那些正濒于消失的建筑历史和文化，从那些绵延已久的历史瑰宝中汲取面向未来创造的灵感。

二、现代建筑引发的文化单一问题

与现代建筑所引发的历史断裂密切相关的是其所造成的文化单一问题。文化与风俗、历史和地理环境密切相关，由于这些方面存在着差异，文化天然地也就存在差异。可以说，文化多元是文化最初的特征。工业革命之后，工业化、现代化在世界范围内的推进，对文化的多元差异构成了巨大的挑战。全球化的进程，加剧着文化的趋同化与单一化。

文化相对于政治、经济、技术等"硬力量"来说，是一种"软力量"，但是它对经济社会的影响力和渗透力是持续不断的。在当前乃至相当长一段时间内，国际化的交流形式是建立在不平衡的政治和经济基础之上的，从而产生了所谓"强势文化"与"弱势文化"。全球化不平等的一面就表现为西方发达国家的"强势文化"对发展中国家的"弱势文化"的冲击与渗透，"强势文化"将其自认为具有价值的文化模式强加给"弱势文化"，"弱势文化"往往只能被动接受、适应，并按"强势文化"模式来改造自己的文化模式。在这种文化全球化的过程中，必然存在不可阻挡的文化趋同化、单一化的过程。

由于国家、地区、民族的差异，人们在风俗、习惯、教育、审美、宗教等各方面必然存在极大的差异，必然形成多元的文化。丰富性和多元性应该是人类文化的根本特征，这也是人之为人的基本特征。建筑物作为人类的栖居之所，和动物的"居所"有着根本的不同，它既是承载生活的物质实体，又是文化的容器。因此，建筑物也应该丰富多彩，风格迥异。从建筑发展的历史来看，最原始的栖居方式是在人类处理与自然的关系的过程中产生的。早期的人类为了生存的需要，构筑遮风避雨的住所，他们从自然界中发现材料的属性，并且巧妙地使用它们，克服重力的作用，构筑起容纳生产生活的空间场所。在建造家园的过程中，人们逐步完善和积累了丰富多样的建筑风格、建造方法与法则，并将本民族的价值观念、思维方式、审美趣味、民族性格融入建造活动，形成特色鲜明的建筑文化，并在历史中传承、创新与发展。一种建筑文化一旦形成，并不是以封闭、僵死的方式继续存在的，而是在不断地与其他建筑文化碰撞、接触、交流的过程中发展的。对于充满活力的、健康的建筑文化来说，不同建筑文化之间的交流不仅不会弱化其独特的性质，反而会充实和完善该建筑文化内部的结构、功能和形式，使其更具区别于他者的独立性。

　　但是，现代建筑的出现改变了这一切。首先，由于现代建筑本质上依赖工业技术，它被认为可以超越其所在环境和文化的限制，甚至可以随心所欲地建造。其次，现代建筑观作为西方"强势文化"的组成部分，以其技术上的先进性，文化上的优越感，价值上的普及性，在全球化的进程中，成为各民族效仿的典范。最后，许多追求现代化、工业化的发展中国家在经济上对世界市场的依附，在技术上对工业技术的推崇，在文化上对自己民族文化的自卑，以及对外来文化的崇拜心理，都推动着现代建筑在世界范围内的垄断发展。这些必然在相当长的时期中，在全球范围内，导致原本丰富多彩、风格各样的各国建筑文化日益朝着趋同、单一的方向发展。今天，人们无论在纽约、首尔、曼谷，还是在北京、上海，现代主义的建筑群都使人不知身处何地。建筑文化的单一化必然导致越来越明显的"千城一面"的现象。

　　随着时间的推移，现代建筑日益暴露出诸多文化弊端。首先，其"空间"概念的无地区性导致了与丰富多彩的地区环境之间越来越大的矛盾。其次，功能至上的经济原则也忽视了人们对建筑复杂多样的需求。最后，国际主义建筑的普适性越强，其自身的可识别性就越弱，城市的可识别性也随之降低，必然导致各城市空间与形态的趋同现象。一个美丽和富有生命力的城市必然是一个有个性、有可识别性、有内涵、有独特文化底蕴的城市，人们看到它今日的生机盎然与全面发展必然会联想到它过去的历史，并以此来预测它明天的发展。

建筑最终是为人服务的，现代建筑却渐渐背离这一最初的信念，它强迫人们去遵循工业技术及机器的法则，失去了为人类生活服务的根本目标。这无疑将促使人们展开对于现代建筑观的批判性反思。的确，人的栖居不能仅仅归结于工业技术规定的物质功能，因为人是有历史、有文化的存在，除了最基本的物质功能需要，人还有审美的、习俗的、情感的、宗教的种种需求，仅仅以物质功能作为建筑的标准，无疑等于舍弃了建筑的文化功能，或者说把原本具有丰富内涵的建筑文化挤压成为只具有物质性功能的文化。这种文化的单一性，从个人方面来说，是对人性多样性的扼杀和压制，从社会文化方面来说，则是对各民族、各地区文化的差异性和多样性的消除，这显然不利于人类社会健康和平等的发展。

第二章　建筑与文化的互动

第一节　传统建筑中的文脉体现

中国建筑创作，基于民族、文化、传统、社会的发展与变异，几经沧桑。随着时代的发展，具有新的变动，但几千年来，它一直沿着自己的发展道路，缓慢地在不同征程中有所突破，有所变革。在世界几大文化体系中，它仍旧是一个强者，仍保持了自己固有的格调，在世界文化宝库中熠熠生辉，为民族文化增色。

被列入世界文化遗产之列的，如明清故宫、北京天坛、承德避暑山庄、平遥古城、曲阜孔庙、苏州古典园林等，是民族的骄傲，是人类文化的瑰宝。国家公布的第一批历史文化名城，包括承德、北京、大同、延安、曲阜、开封、洛阳、西安、扬州、南京、苏州、杭州、绍兴、景德镇、江陵、长沙、泉州、广州、桂林、遵义、成都、昆明、大理、拉萨，无论是城市、建筑、园林，还是历史、文化，都堪称中华民族的精粹。随着人们对历史文化遗产的越发重视，国家相继公布了第二批、第三批历史文化名城，总计达 137 座，遍布全国各地。

任何国家、民族自己的文化，都要从固有传统中汲取有益的经验，加以发扬光大，使之更加辉煌。当然，处在当前经济大潮之中，世纪交替之际，面对世界总的发展趋势，墨守成规、故步自封，将缺乏应有的魅力和时代的气息。

回顾中国建筑的发展，其在文脉延续中可以概括为"排、融、化、创"四个字，这四个字使其能在错综复杂的历史中，经久不衰，一脉相承。

排，指中国建筑的排他性。继承传统建筑文化，怀古念旧思想使中国建筑产生了对外来文化的反抗，以维护自己的发展。这是中国建筑千百年来经久不衰的原因。

融，指中国建筑文化源远流长，既有继承传统的一面，也有吸收外来文化的一面，体现了其宽容大度、兼容并包的思维。中国建筑"非此即彼"的意识并不明显，这正是中国建筑文化生命力的所在。它借助外来的建筑文化，丰富自己的文化内涵，能把不同的民族文化、建筑文化融为一个整体，使之与中国建筑文化有千丝万缕的联系。

化，指把外来的先进思想，化为我有。自从西方柱式传入，我国柱子头部也吸收了西方柱式的特点，出现了各种变形，从而把外来的东西化为自己的东西。

创，即破格创新。建筑创作中，每次不成熟的变化，都孕育着新概念。七大古都在漫长的岁月中，历经沧桑，汉唐宏建、六朝繁华、宋元盛景，大多荡然无存，只有寥寥遗迹供人们欣赏、凭吊。这是新旧更替的必然规律。

现在，城市化规模浩大，速度空前，城市结构与建筑形态有了很大变化。文化是历史的积淀，存留于建筑中，融合在生活中，对城市的营造和市民的行为有着潜移默化的影响，是城市和建筑的灵魂。寻求中国建筑创作的发展与延续，应考虑以下几个问题，以利于现代建筑在汲取中国建筑精华的基础上有所突破、有所前进。概括地说，就是重视群化意识，尊重自然环境，注重审美情趣，强调地域特色，体现文化品位，兼顾远近形势，塑造建筑氛围。

一、重视群化意识

建筑发展走过了漫长的道路，在历史上不同时代有不同的侧重。秦陵、汉阙、唐寺、宋塔、元都、明宫、清苑，在其总体上都为后世树立了楷模。

随着经济的发展，建筑功能的分化，建筑对生活的满足、功能的组织、艺术的追求、空间的创造、环境的设计，都逐渐达到了个体的完善，却忽视了其在群体中应有的作用。那种强调个性与自我的现象，面对现代城市建设的更新，大量的改造，以及中小城镇的发展，建筑群化现象步伐的加快，已不能适应。建筑需要的是把握群体关系，其有助于建筑间的协调、空间的调整和环境的改善。

建筑是社会发展的侧面和缩影，它积淀着前人科学文化的成就，展示了未来发展的前景。随着社会经济的发展，城市化加快，城市并不是建筑简单的集合、增殖与扩大。城市作为建筑的载体，其发展、变化与更替，直接与社会的政治、经济、文化、科技同步，综合反映着社会的面貌。因此，在城市设计的核心环节，从观念和理论上，用城市观念看建筑，重视建筑群的整体和城市全局的协调，应是创作的重点。

群化意识的强化，在当前节约用地、改善建筑环境、加强总体效果的形势下，具有重要的作用。回顾中国建筑的发展，它在历史进程中呈现着有序的发展。无论是城镇、村落还是民居，其形成都是一个动态过程，都是由基本单元沿着一定的脉络有秩序地发展、变化，而后形成一个深宅大院，纵横延伸成为庞大的建筑组群。

一座城镇，也可以由若干大的建筑组群，构成一种特定的骨架，使其重点突出。例如，北京、西安等城市以大的宫室为重点，以钟鼓楼为定位，构成了城市的经纬。因此，无论是居住区的新建还是公共建筑的发展，都应当成组、成团，有中心，有重点，形成一种秩序，协调有关部分。即使是过去的中小城镇，也大多依托文庙、武庙、府衙、宅第、祠堂、会馆，形成有序的发展，绝不是"画地为牢"，各自独立。

当前，基于时代的变化，各个城镇围绕相应的商贸中心、文化中心、体育中心、交通中心、行政中心等来组织城镇各方面的生活、生产。以居住区为背景形成必要的城镇序列，既突出中心，又适度呼应、汲取传统文脉。而平均对待建筑的做法缺乏相应的疏密调剂。

二、尊重自然环境

空气、阳光、水面、绿化是人类的必需品。在现代重视"人居环境"的呼声中，愈发凸显依托自然环境改善人居环境的重要性。

自然环境的选择对于建筑十分重要，特别是对山水的依托，被视为建筑选址的焦点。建筑依山近水，相互陪衬，绿化葱郁，环境调和。无论是山地、平原还是河滨、湖滨，城市与建筑都需要借助自然条件，构成宜人的内外环境，以期达到最佳的景致。山地占全国土地面积的 60 % 以上，在当前耕地每年减少 370 万公顷的态势下，我国耕地仅占世界人口人均耕地面积的 25 %，因此重视山地的利用，具有十分重要的意义。虽然城镇选择的地势较为平坦，但城市借助山水之势，形成轮廓起伏的变化，亦给城市带来新的生气。例如，南京有钟山、玄武湖为之辅弼，西安有骊山、渭水为之呼应，洛阳面对邙山、背依黄河，桂林的峰峦围绕、漓江川流，重庆的群山环绕、两江夹峙，北京有西山为之辅衬、三海为之贯通，昆明背依西山、面临滇池，等等。正是大自然提供了优美的自然环境，才使它们成为美丽的城市。

凡是大的建筑群、寺庙、园林、陵园及府第会馆，无不借助山水的起伏、水道的穿插，构成建筑的跌宕多姿、宏伟多变的气势。诚然，在依托山水时，建筑与自然是一种互动关系。要从多视点、多视角加以分析，采取依山就势、高低错落、形态多变、层次丰富的立体化构成方法，使道路、桥梁、林木与建筑相互穿插，构成建筑的特色。至于丘陵地段的建筑，传统上采用各种挑、吊、拖的办法，沿江、顺坡、随湾、面谷建设，出现各种爬山、吊脚、错层、附岩的建筑，变化多姿。在平原地段，建筑的聚集程度、组合方法具有不同的特点。平原规矩、方正，以轴线为依托，出现了各种府第、大院，出现各种围合方法。

建筑借助自然条件，丰富内外空间环境。当自然环境不能满足时，常采用挖池、引水、植树、造园的方法，以丰富建筑环境的自然情趣。

凡临江、海、河、湖之建筑，除利用山地、丘陵地区的建筑手法，还采用跨水、水中建筑的手法，借助水体作为建筑内外的穿插，给建筑内外环境增加自然的活力。江南水乡、山地的丽江、苏州的水巷，都体现着建筑环境的优雅与生机。有些地方出现了"船屋"，这是以水为家的特例，船屋在停泊之中，也纵横成行，形成了水上聚集区。

三、注重审美情趣

建筑创作中，民族性、地方性与宗教信仰的审美心理定式至关重要。其基于民族的血缘、地缘、史缘关系，表现为在某一方面具有共同的爱好与情趣。虽然 56 个民族的建筑相互间有借鉴与渗透，但都有各自的特点，从民居中可见一斑。不同民族地区的建筑都集中了传统的精髓，取得了人们心理上的青睐。就中国的民族情况来看，各民族都具有不同的心理定式和民族情调，在建筑创作中不可忽视。

建筑是地区的产物，其各异的形式来源于地方文脉，并使地方文脉发扬光大。由于各地区的自然地理环境的不同、自然气候的差异及其传统上所形成的形式，建筑具有历史积淀下的独特格调，在该地区具有强烈的生命力。这并不是说该地区建筑一成不变，它与地区的未来和发展具有密切关系。不同国度和地区之间的交流，激发各自的想象力，使之向更高层次发展是一种必然。特别是在今天的信息社会，各种新技术的发展与应用，必然导致建筑向现代趋近，带来其自身的变革。黄土高原、东北高寒地带、江南水乡、平原地带、山地丘陵的建筑，其空间组织、建筑形制、审美定式各有不同。其反映的不同特色，无疑给建筑打上了标记。

民族、地域的不同，反映了人们不同的心理定式，它关系到人们的信仰、宗教、礼制、习俗各方面。从广义上看，中国建筑受到儒教、道教、佛教等影响，在不同地区、不同民族，都相互渗透，在建筑上都有不同程度的反映。例如：儒教中对称、层次、轴线、秩序的宗法制度，反映为建筑显隐与含蓄的表现；道教的清静无为、崇尚自然的精神渗入园林；等等。这些都直接影响着建筑的布局模式，使人们形成一定的审美心理定式。"克隆"建筑的出现，也正是某种怀古念旧思想的反映，是审美心理定式的必然结果。

人们的心理定式，基于民族性、地域性等，经过历史的积淀而形成一定的审美取向和情趣。它关系着建筑的创作方法与模式，不可不察。

四、强调地域特色

就民族性与地域性而言，民族性具有一定局限，限于一个民族范围之内的文化延续，而地域性则涵盖不同民族的文化内容。地域文化具有的特色可以从生活习惯、物质手段两个方面加以剖析。

尊重习惯，这是首要条件。因为生活习惯可以联系到地理气候、民族风俗、

37

文化传统、思想意识、传统工艺等，这些与长期形成的文化观念、审美意识、伦理关系有关。脱离民族思想意识和生活习惯的建筑，将得不到社会的认同。其产生的建筑模式、内容组成、方位安排、主从重点、生活仪式等，都有一定的约定俗成的做法，应该汲取与尊重，有时还得加以提炼与发扬。

当然，生活习惯随历史的发展也在变化，有一个改造、充实、演变的过程。例如，家庭制向核心家庭过渡，燃料结构的改变，电器在家庭生活中的普及，新能源的开发与利用，社会交往打破独立的生活机制，都导致了生活习惯的变革。

其次，建筑的建造技术与物质手段，与具体的环境物质条件有关。其建筑材料、构造方法、施工技术都因条件而异，如山地和平原不同，南方与北方迥异，这是文化现象的重要层面。

在现代信息社会，各地也相互交流学习，但当听到东南西北中一样的呼声时，这也意味着建筑脱离了具体环境，在总体布局、建筑用材方面与各地固有的情调大相径庭。贵州的石墙、河南的窑洞、雅安的木雕、云南的竹楼、重庆的吊脚楼，都是各地域娴熟技艺的结晶，是文化的一种反映。那些盲目引进国外高档材料的建筑，忽视了地域文化传统的体现和地方技艺，看起来已成建筑，却缺乏地方文化关联，犹如"舶来品"，也难怪受到人们的责难与议论。

建筑创作，要尊重人民习惯，体现地域环境特色，这是建筑文化素质的具体体现。当然，建筑的地域性，并不是保留固有和落后、不合时宜的内容，而是用现代化手段加以提炼与升华，以推动地区建筑的发展。"现代建筑地域化，乡土建筑现代化"，这是总目标。只有这样，才有助于建筑文化和当地生活方式的结合，发扬各地区的建筑文化，使各种优秀建筑模式得以发扬光大，使建筑更加丰富多彩。

五、体现文化品位

随着物质文明的发展，人们对文化品位的追求越来越高。其一是对文化内涵的探求；其二是对建筑的深化研究。这样方能使建筑的文化品位有所提高，达到丰富的目的。建筑功能的满足、形式的变换、技术的应用、环境的开拓，这是有形的一面。而建筑本身具有显、隐两个层面。隐形的层面包括各种潜在意识，诸如景态、形态、势态、动态、心态、律态这些深层的哲理，应当引起建筑创作的重视。

　　建筑作为文化的载体，与各种文化现象具有千丝万缕的联系，涉及各方面和领域，因而对历史的延续、时代的延展、文化的关联、民族的习惯、地域的差异，都要有全面的把握。建筑创作中因时、因势、因地、因人而异，体现出不同的文化内涵，才能使建筑富有高尚的文化品位。

　　同时，建筑的文化品位的丰富，离不开中国传统文化的熏陶。六经、二十四史、明代《永乐大典》、清代《四库全书》、《中国大百科全书》，都是历朝历代学子以文学作品的形式，汇集历史社会各方面的成就而编著的，囊括了民族文化的精髓。建筑中大量的隐形因素，借助文章家、文学家的点化，方能全面表达。诸如形象的描绘、精神的渲染、情调的韵味、意境的深化、理性的提示、哲理的阐发、仪式的记述、品位的评价等建筑深层涵盖的内在情理，建筑的言外之笔，画外之音，都将借助文学加以引发，使之妙趣横生。即使如此，著名的历史遗留佳作，其隐形的内容仍是书不尽言，言不尽意，其文化品位之深，令人流连不尽。

六、兼顾远近形势

　　建筑的形与势反映在两个方面，既重视建筑近处观察，建筑细致的处理表达，又考虑远处的态势，建筑宏观的巍峨与气势。在远观近瞧中，建筑的表现都可以达到最佳的境地。远观着眼于建筑气势，近观着眼于建筑的形象，按现代建筑分析，300米在于取势，30米左右重在观形。在实际操作中，根据建筑的体量、特点和所在地段不同，又是远远超过这些距离的。峨眉山上的金顶，在数千米之外可以观察到闪烁的光点；城市中的电视塔，在远处都可以形成城市的标志；远观万里长城，它那蜿蜒曲折的走势，构成了一幅美丽的图景。

　　建筑在一定条件下，依山就势的安排、高低层次的穿插、体量虚实起伏

39

的搭配，都要从远观近瞧的总体气势上加以全面考虑。只有远观的势和近观的形相结合，才能完整地表达其深刻的意境，给人们一个全面的、抽象的概括。特别是建筑的控制点、观赏点、构图中心、景观所在及标志性的表现，形态固然重要，更重要的是突出势的表达。黄鹤楼的威震三江、镇海楼的虎视海域、嘉峪关的威震西陲等，这些建筑除了有细致的建筑形象，更重要的是有气势的威慑力量。

李渔《笠翁一家言》称，"高者建屋，卑者建楼""因其高而愈高之，竖阁磊峰于峻坡之上；因其卑而愈卑之，穿塘凿井于下湿之区"。这些都是对建筑利用地势强化建筑形式的生动描述。所以，凡过去建塔，都在高亢之处，利用已有的地势，取得最佳的效果。凡在低处的建筑，只有借助近观，显其技术的高超细腻，令人百看不厌。诸如磨砖对缝、沥粉贴金、各种雕刻纹样的细致刻画，都是弥补其气势的不足。

一般而言，建筑气势要注重三势，即山势、水势、建筑势，且重点在于研究山势、水势、建筑势的协调关系。山贵清秀，植被茂密；水贵萦迂，清澈平绥。建筑的气势凭借山水，相互协调，方能相得益彰。建筑的气势，主要考虑大的轮廓、建筑表达的力度及主体的重点。至于建筑的形，要考虑建筑左右辅弼和环境的拱卫。正面开阔，背有屏障，环境层次衬托，四季色彩变化，建筑细部细致，具有一定观察距离和适当的观察角度，方能显示建筑的美好形象。

建筑讲究形势，势立于形先，形成于势后，远近结合，是为佳境。譬如山峦，群山起伏为势，单座山头为形。建筑本身借助于环境因素、自然山水，自身的形象才能得到很好的表达。

七、塑造建筑氛围

纵观中国建筑的发展，如何体现中国建筑的协调与气韵，从以下几个方面可见一斑。

（一）环境自然

建筑利用自然是其首要特色。民居、公共建筑、城镇等都借助自然地形地貌和山水，与环境取得有机的结合。这是建筑选址与总体布局的重要内容。中国出现了不少的山城、水城、田园城市和园林，无论是大小城镇、民居，还是公共建筑，都以自然环境为烘托，突显其独自特色，由此创造了一个个美好的人居环境。

（二）构成多元

中国建筑可以集中各种不同的楼、台、亭、阁，通过不同的联系方式使之融为一体，这是中国建筑构成的一大特色。中国建筑甚至把各种环境因素作为建筑的组成内容，融入各种楼阁、桥台、连廊、墙垣、塔楼、假山、曲池，使其多样共存于一体，既反映建筑多样的变化，又体现建筑丰富的层次。这正是中国建筑在历史发展中经久不衰的重要原因。

（三）生活情趣

建筑的发展、演变，离不开人们的生活模式。生活模式既来自家庭、社区的生活要求，又来自社会交往的需求。凡建筑各种设施与陈设，都与人的生活、社会生活息息相关。例如，门前停车场的大小、门与门楼的尺度、坐凳的安排、绿化的设计、建筑小品的布置、旗幡的安排，这些都是根据建筑的性质、社会的需要而定的，为人们的社会交往所左右的同时，由于人们社会地位的不同，既有仪式的表达，又有一定的内涵。

（四）表现气势

建筑的表现，首先要从各种仪式表现来分析。仪式表现既是中国礼制建筑的一种延续，又是各种婚丧大典、迎来送往的要求。其中，突出的反映是讲求门面，俗话说"门当户对"，既显示了户主的社会地位，又表达了建筑的气势。其次是门前广场的开阔，上至政府大楼，中至各种公共建筑，小至宅居，对这一问题都较为重视。最后是入口贵在含蓄，避免直冲。因此，入口前多有门、牌、坊及影壁、小桥、曲池等，为之缓冲，方显建筑具有一定的"场面"或气派。

（五）持续发展

持续发展在中国建筑表现中十分突出。任何建筑在修建之后，随着时间的推移，无论是横向还是纵向，都具有可延伸、扩展的余地，并不就此终结。

中国人是以动态的观念来对待建筑的，并不是把现有的建筑看成是一个固定的模式。因此，建筑多留有一定的空间，以预留其发展的可能性，其延伸扩展的同时也具有相对的完整性。传统建筑中常有深宅大院、建筑组群，也是基于这一原因。

第二节　传统文化中的建筑设计思想与理论

一、中国传统的人与自然的共生设计思想

中国传统思想崇尚自然、顺应自然，将人、建筑和自然有机地统一在环境中。中国传统的人与自然和谐共存的儒家思想包含两个层面。一是人与自然和谐共存，这种自然观与中国文明的起源，与农业自然经济模式有密切联系。在传统观念中，人应该顺应自然生活。二是人与自然本质同源，并且人高于自然，人与自然共同组成大自然，自然与人是有机连续的一体。

现代社会的发展所导致的环境污染和生态危机越来越威胁到人类自身生存，许多设计师在分析环境危机、探寻未来设计发展方向时，都同时转向中国古代思想文化。

中国古代建筑思想强调自然与人和谐共存，从自然中得到启示，人和自然保持和谐的设计观，这引起了现代建筑设计师的思考。在当今全球性的生态危机面前，中国传统造物思想的共生原则对现代建筑设计无疑具有指导意义，耕读文化在古村落的建筑设计上表现出不凡的生态意识，充分显示出古人自觉地把生态保护意识内化为日常行为并传承子孙后代的观念。这种生态解读，正是今天的设计师应该学习和借鉴之处。

　　从人考察自然，又从自然考察人的中国传统造物思想，即今日生态设计的整体性设计观，将设计的价值置于人与自然关系兼顾的基础之上，是中国一贯的传统设计思想。例如，在建筑设计生命周期内优先考虑其环境属性，除了考虑建筑的性能、质量和成本，还要考虑建筑的更新换代对环境产生的影响。

　　中国传统造物思想中的实用、惜物、节俭的设计观，是中国传统用物思想的有机组成部分。以用为本的思想，归根结底是传统造物的基本理念，指导着造物的原则，即实用是造物的根本目的。强调对自然资源的采伐要有节制，力求节俭，适用即可，不要过度，保持整个社会发展的生态性。

　　中国古人造物以简约为美，提倡顺应自然，反对过多的雕饰。强调人们必须转变对生命的态度，即由"占有"和"利用"转向"生存"。中国传统的造物观体现了中国朴素节俭的传统价值观念，同时也体现了重自我、以人为中心、物为我用的传统哲学思想。这些观念也是现代建筑设计中所必需的和缺乏的。因此，应发掘传统造物观念中的精神内涵并将其融入现代建筑设计之中，借鉴传统造物思想中人与物的关系、造物与自然的关系，在未来的发展远景中，以节省能源、保护环境作为人类活动的主导思想。在当前条件下，对发展本身提出要求，是一种着眼于未来的大局观。反观中国传统造物文化，其中"共生"的设计主张给现代建筑设计提供了可参照的设计守则。在这种生态哲学的指导下，以人与自然的和谐发展为原则，运用生态思维进行宏观、系统思考成为一种新的设计理念。在我国一些留存的古村落中，中国人追求人、自然、物和谐交融的境界仍在持续发展。这种发展不是无条件、无限制发展，而是表现出一种数量方式，更表现出一种质量方式，以质量方式为主，遵循惜物、节俭的设计原则。遵循传统的实用、惜物、节俭的设计观，是对现代的建筑设计现象在哲学层面的反思。

　　在农耕社会这个大背景下，不同时期的建筑设计基本上都是与生活方式和谐一致的，没有产生与农耕社会的生活相背离的建筑设计。中国传统的设计思想在人与设计对象的关系上，强调人在设计中处于主导地位，也就是强调实用和民生。那些讲求功能、关乎国计民生、保持人文关怀的建筑设计，才是建筑设计的主流。中国传统文化中的简约主义，提倡人在物质世界中的主体地位。中国道家学说主张不要人为地违背自然规律，这是一种人与自然同构的信仰。古人在审视建筑、营造等生产实践与自然环境的关系时，对于自然资源大量消耗的生存危机表现出忧虑。中国传统造物文化在功能和形式的外表、实质方面，强调内容和形式的统一、功能与装饰的统一，这要求人们在生活方式、行为准则及人造物和人的关系等方面，始终保持形式与内容并重的价值取向。纵观中国古代历史的进程，传统建筑的发展基本上是正常且健康的，虽然在某些时期出现了一些过于繁杂的设计，但从历史大局的角度看，它都与当时生产力的发展相适应，表现出一定的节制意识。

二、中国传统设计思想重视生命本体

中国传统设计思想在人与设计对象的关系上，提出加强人与建筑的交流互动，使用者应该尽可能地参与到设计中来，真正达到对人性的关怀与体贴，使人在设计中处于主导地位。建筑应向人与环境和谐共存的方向发展，设计作为策划人们更为合理的生活行为的有效方法而深入人们的生活，在处理人类与社会、环境的关系上起到巨大作用。

（一）注重人机尺度思想

设计的目的是为人服务，那么在设计中最基本的技术因素和形式原则便是尺度和比例。据考，中国是世界上最早并真正在设计领域实现标准化和模数化的国家，尤其是在传统建筑领域。《考工记》中所记述的两千多年前的设计标准充分体现了人与物的和谐，重视人与物之间的有机关系，试图在人与物之间建立一种人性化的关系。一方面，从人的生理结构出发，注重物的功能性。另一方面，关注人的心理特征，注重人在使用物时的体验。中国传统的设计思想体现了朴素的人机尺度思想。

（二）强调物与物的和谐

物与物协调与否关系到建筑的功能性、审美性及人的生活质量。物与物组合构成建筑乃至我们生活的整个物质环境，物与物之间的和谐关系是非常重要的。《考工记》中涉及的不仅仅是一屋一亭的设计，而且上升到大的建筑系统，以及此建筑系统与自然之间合为一体的关系，即物与环境的和谐关系。建筑与自然环境的关系体现了人与自然的关系，因为人是建筑的创造者和使用者，建筑是沟通人与自然的媒介。建筑与自然关系的和谐与否，取决于人的活动对环境的影响。古人尚知注重人与建筑和环境的完美结合，随着技术的进步、建筑设计的更新，现代人们在享受物质生活的同时，应更加注重建筑与环境、人的关系。

第三节　建筑设计思想的时代演变

一、可持续发展的时代命题

21世纪建筑技术面临的新课题是必须符合可持续发展的要求。建筑技术应使建筑成为可持续发展的建筑，做到智能运行、综合用能、多能转换、三向发展、自然协调、立体绿化、生态平衡、文脉弘扬、文化熏陶、美感、卫生、安全、可持续发展。

建筑技术不只是工具和手段，也是建筑文化发展的原动力，极大地丰富了建筑艺术的表现力。密斯认为，技术不只是一种方法，它本身就是一个世界。钢铁结构所表现出的理性概念和建筑空间之中的结构技术美，体现了结构表现的合理性及其文化含义。钢铁结构从单纯的"结构支撑"变成"结构表现"，这种变化给建筑空间艺术打上了时代的烙印。

建筑中的声、光、热等物理现象的好坏，影响着建筑的环境与功能。现代建筑对建筑的环境与功能设计提出了更多更高的要求，促进了建筑物理学对声、光、热等环境的研究及营造。

（一）绿色建筑、生态建筑

无论是从全球高度重视发展低碳经济、遏制气候变暖的大环境来看，还是从中国发展循环经济、建立节约型社会的宏观经济形势来看，建筑节能问题都应排进重要议程。

我国建筑能源消耗量巨大，建筑用能能效低，单位建筑面积能耗高。与气候条件接近的西欧或北美国家相比，中国住宅的单位采暖面积一般要消耗2倍至3倍的能源，而且舒适度较差。目前，我国建筑外墙热损失是加拿大和其他北半球国家同类建筑的3倍至5倍，窗的热损失约是2倍。

2005年，原建筑部颁发了《关于新建居住建筑严格执行节能设计标准的通知》，2005年7月1日起，正式实施《公共建筑节能设计标准》（GB 50189—2005）。原建设部设定了两个阶段的目标。第一阶段，到2010年，全国新建建筑争取三分之一以上能够达到绿色建筑和节能建筑标准，同时全国城镇建筑的总耗能要实现节能50％。第二阶段，到2020年，达到节能65％的总目标。据专家预测，到2020年，我国新建的建筑面积约300亿平方米，如果这些建筑全部达到节能标准，每年可以节约3.35亿吨标准煤，空调高峰负荷可减少8 000万千瓦，相当于4.5个三峡电站一年的发电量，仅此一项就可以为国家节约电力投资近万亿元。

绿色建筑是指为人类提供一个舒适的工作、居住、活动的空间，同时实现最高效率地利用能源、最低限度地影响环境的建筑物。它是实现"以人为本""人、建筑、自然"三者和谐统一的重要途径。目前，在设计建造绿色建筑方面，存在着许多误区。第一，片面地追求豪华与所谓高科技，结果在"绿色"（可持续发展）、"人文"（以人为本）方面出现了许多问题，根本就不是绿色建筑。第二，简单片面地曲解绿色建筑的含义，真伪难辨。第三，认为绿色建筑就一定会大幅度增加投资，不可能真正推广应用。在我国城市化加速发展期，如果不能正确地加以引导与管理，大规模消耗常规能源、破坏微气候和恶化城市热岛现象的建筑，将带来严重的能源、环境与资源问题，影响我国经济社会的可持续发展。

生态建筑又称为绿色生态环保建筑，核心理念是满足人的合理需求，适度张扬文化个性、价值追求，人为建造科学、艺术、健康、和谐的生活环境，集约、节约、高效、循环利用资源，对生态环境产生良好影响，促进生态文明建设。生态建筑在建筑的规划、设计、建造、运行、拆除、再利用等生命周期的全过程中，不仅要考虑建筑实体的舒适、安全、美观、耐用、经济等传统性能，还要考虑环境保护、生态平衡和可持续发展等因素。基于更有效地利用能源和材料，基于积极适应当地的气候环境和风土人情，要充分利用在自然循环中可再生的材料建造出高质量、高性能、高舒适度、高度完美统一、高度和谐于生态环境的建筑。

由计划经济转向市场经济，我国民居建筑的投资机制、产权机制、交易机制都有根本改变，但主旋律和大趋势始终是提升居民的居住舒适程度与改善居住文化品位。宏观分析城市住宅变迁的主线，可以发现它大致经历了节约救急型、经济适用型、发展转变型、景观舒适型四代。第四代住宅产品正当其时，开发商着力完善住宅的物质生活层面，以求获得消费者的青睐。第五代将是生态文明型住宅。减少对地球资源和环境的影响，创造健康、舒适的居住环境，与自然环境相融合，是第五代住宅产品更新换代的目标。一些前卫设计师和精明的开发商已经把生态、文明特征作为个性化楼盘新卖点，把有关生态文明的理念作为差异化楼盘营销的主题。这就需要充分吸收传统建筑文化，妥善处理物质文化层面和精神文化层面的相互关系，集成现代绿色科技，设计建筑物理、精神家园，满足现代家庭对身心和谐、社会和谐、生态和谐的追求。

（二）生态城市

当我们的社会在技术方面变得越来越成熟时，也变得越来越不符合生物学原理。"生态城市"强调了城市系统对自然世界提供的环境服务的依赖，按照"可持续发展"目标进行城市生态运行系统设计，建立良性循环，形成一种既可以满足现代世界人口需求，又不危及后代需求的发展模式。

运用有机类比方法，作为生物圈的一部分，我们需要一种城市设计与管理的生态学处理方案。城市生态系统的概念和城市新陈代谢的概念，关注城市主要物质的流入与流出。"生态足迹"模型基于个人消费结构，将支持把各种个体活动的需求聚合为单一的土地需求量。加拿大最早的生态足迹研究得出的结论是，以现有全球人口为准，我们需要 3 个以上的"地球"才能支撑以富裕国家典型的消费水平为标准的当前数量的全球人口。通过人均占有较小的空间、谨慎地使用资源、仔细地处理残留物这些举措，使我们的居住地与生物圈之间形成和谐状态具有可能性。

1994 年，欧洲各国签署了《面向可持续发展的欧洲城镇宪章》，即《奥尔堡宪章》，认为人类必须重视现存都市生活模式所造成的环境问题。

生态城市可以定义为"一种不耗竭人类所依赖的生态系统，且不破坏生物地球化学循环，为人类居住者提供可接受的生活标准的城市"。生态城市建设，鼓励人们设法减少破坏生态的行为，并建立与地球资源配置相协调的税收、市场结构和地方政府税费规制，鼓励循环利用废弃物，营造绿色人居环境。大多数变化发生于现有的人居环境，而非新发展区的新建城镇。因此，通过更新现有建筑、工厂与交通系统，改善人居环境的事业将得到推进。只要有可能，新建筑应该建造在已经城市化的土地上，如工业废弃地。

2002 年，第 21 届世界建筑师大会的主题为"资源建筑"，这是对城市建设可持续发展的新探索。我国是发展中国家，必须转变经济发展方式和人们的生活方式，大力发展循环经济，积极推行绿色消费，建设生态文明。从注重经济发展转变为关注经济社会的协调发展，注重城市人文精神，创造宜居环境，增强城市的活力，使城市特点突出，实现科学发展、可持续发展。这就涉及城市功能设计、城市形象塑造、城市品位养育、城市景观规划、城市营销策略、城市发展战略等重大问题。

早期追随现代主义美学的民居建筑，往往是一些缺少新鲜空气和自然光线的钢架玻璃盒子，它们的内部生态系统与周围环境脱离。建筑批评家把这样的建筑物称为天生霸道的建筑物，它使人们感觉没有地位、没有能力、没有人性和微不足道。"方匣子"现代建筑风靡世界之后，屋顶形体消失了。"建筑看顶山看脚"，屋顶反映建筑的性格特征，是城市天际轮廓线的重要组成部分，反映着城市特色。因此，无论是高层还是多层，第五立面的设计应该引起建筑师的注意，按照不同地域气候特点和民族习俗，合理规划、科学安排坡屋顶、太阳能板、标志性广告、树木与绿茵的组合，这是城市建设规划和形象营造的重要内容。

二、人文关怀和审美理念的时代演变

（一）建筑理念的时代变化

历史证明，不与世界交流的建筑文化是没有希望的建筑文化，中外建筑文化交流是建筑文化发展的重要途径。不理解对方文化而"胡作"，不尊重对方文化而"戏作"，是建筑文化交流中易犯的主要错误。城市规划建设的决策者、设计师，在中西建筑文化交流中，一要尊重世界，二要尊重自己，在引进的基础上加以创新，应当保留外来建筑最精彩的因素，又应在这种因素上延伸，艺术地融会中国意趣。

在城市建设中继往开来、与时俱进，应以现代意识为准绳，使无比珍贵的优秀建筑传统重现光辉，以激发先天的潜力，创造出属于中华民族自己的"现代"建筑。

从时空维度上看，现代全球化的文化背景有三个层面：在时间维度上，是前现代、现代、后现代的交错更替；在空间维度上，是不同民族和地域文化的交流、冲突与互动，是文化的一体化与多元化、国际化与本土化的对立统一；在内容维度上，是从物质文化到制度文化，再到精神价值文化不断演进、深化的过程。

发掘中国传统建筑物质文化、制度文化、意识文化的民族根、地域魂，剖析建筑审美的时代演进，做建筑形式和语汇的时空比较研究，既要理性地传承博大精深的中国优秀建筑文化，又要勇敢地接受信息时代高科技成果带来的后发效应，站在巨人的肩膀上，踏在时代的列车上，进入全球化、现代化的历史洪流。把握民族性、地域性的审美价值，实现民族审美主体与生态环境审美的历时性与共时性的统一，在全球视野中丰富和完善中华民族审美文化的内涵和特色，点染宜居城市的神韵华章、浪漫情怀，勾勒山乡水廓的诗意栖居。

（二）人居环境的现代内涵

随着人本精神和可持续发展理念逐步深入人心，我国城市化进程已经开始从量的激增和建筑景观创造的政绩冲动，进入质的追求和人居环境设计与改善的理性谋划。中国人居环境的建设原则：正视生态环境，增强生态意识；人居环境建设与经济发展良性互动；发展科学技术，推动社会繁荣；关怀广大人民群众，重视社会整体利益；科学的追求与艺术的创造相结合。

国际人居环境专家认为，一个理想的人居环境要做到：第一，以满足城市居民的生存、交流、发展等各方面的需要为尺度，最大限度体现以人为本的原则。第二，以安全性为人居环境的突出要素，防洪、防震、防火、防交通事故、防突发事故等，都是理想的人居环境不可缺少的。第三，以文化为基石，构筑城市人居环境。第四，以方便的公共服务来完善人居环境。改善城市人居环境，要从城市的总体规划着眼，在城市布局上将各种物质要素进行合理的空间分布和组合，作为建设和发展的依据，要从绿色空气系统、水资源系统、废弃物自理系统、清洁能源系统、道路交通系统、文化活动系统及社区服务系统等方面着手，建设生态文明社区，尤其要更多地关注与人打交道的工作及与生活密切相关的细节。

21世纪中国城市环境建设的重点正在逐渐从单一地解决居住面积扩展问题转移到满足多重生存环境条件。洁净的空气、水源、绿化、户外活动场地，同时也是历史文化、文学艺术、富有精神文明的活动场地和外部环境。走向可持续发展的21世纪，将技术（资源发展、环境保护、污染防治等）和艺术（大众行为、环境形象、精神文明等）融为一体，对人类聚居环境进行保护、开发、改善及强化，其迫切性和紧迫感必将与日俱增。

第四节 建筑文化的传承与创新

一、建筑文化的现代化尝试

世界建筑发展至今，已进入一个缤纷灿烂的多元化时代，现代技术文明赋予建筑创作以广阔的天地。与此同时，建筑界开始重新审视建筑的决定性因素即文化地域性的特殊内涵。中国现代建筑文化起步的时期，是中与西、新与旧、成功与失败、革新与保守交融的时期，充满传统与革新、碰撞与融合、理论的困惑与实践的矛盾。

（一）全球化背景下的文化离散与建筑文化

建筑文化的地域性是指一个民族的历史、文化背景及所属地区的地域特征等，在建筑群体或个体、建筑空间方面的反映。地域性文化由内核文化和外缘文化组成。其中，内核文化具有强大的持续传递能力，当我们超越某个地区建筑的表象内容去追寻隐藏在其背后的渊源时，就会发现其本质的东西、精髓的东西是一脉相承的。

我国农耕文化经过数千年历史积淀，表现出巨大的独立性、纯正性和遗传性。以天人合一为内核的中华文化，始终以人与自然的和谐为本，在建筑上表现出对人的关怀、对情的理解和对心的倾诉。建筑服从于整体，追求的是局部与整体的完美统一。

地域性文化，或靠内核的聚变、裂变所产生的巨大能量推动自身的更新进化，或靠外缘文化的碰撞、交融、渗透、转化而发展。

对建筑界来说，应顺应文化多元化发展大趋势，吸收、包容外来文化的精华，融汇于外缘，转化进内核，创造出更富有时代意义和生命力的新建筑文化。要在继承中国文化内核的基础上，接纳外来文化的新技术文明、新文化理念，转为外缘，并将其消化、吸收、革新、创造，使之融为中国文化内核的组成部分，城市规划建设的决策者、政府有关部门和设计师必须为此做出不懈努力。

经典建筑以其完美的形象、合理的功能显示它的魅力，获得人们的赞誉，永存人间。它涉及一系列的哲学思想、文化内涵、环境意识、基础理论、总体观念、技术成就、实践体验等。把握这些，方能使建筑创作具有深刻的意境、时代的心声、文化的品位、文脉的传承、技术的含量、形象的新颖，使之成为完美的佳作。具有广博的知识、时代的信息、系统的理论、深刻的哲理，方能有所突破。

　　吴良镛先生说，中国建筑中重要的是"一法得道，变法万千"，即设计的基本哲理（"道"）是共通的，形式的变化（"法"）是无穷的。中国建筑文化现代化，一方面要追根溯源，寻其基本，另一方面要广采博收，随机应变，在新的条件下创造性地加以发展。应从关系到建筑发展的若干基本问题，如聚居、地区、文化、科技、经济、艺术、政策法规、教育、方法论等，分别探讨，再融为一体。以此为出发点，运用系统思想，整合现代理论，探索广义建筑学向广度与深度发展。应将"时间、空间、人间"融为一体，有意识地探索现代建筑的科学时空观，包括建筑的人文时空观、地理时空观、技术经济时空观、文化时空观、艺术时空观，发挥建筑在经济发展中的作用，建设好地域性建筑，发扬文化自尊，丰富文化内涵，创造美好宜人的生活环境。

　　我们需要立足于我国传统文化的认同和回归，立足于传统建筑文化类型的比较分析，力图从组合成各类建筑形式的语汇和符号中，把握全球化、现代化语境下的民族根、地域魂，为城市规划建设的决策者和设计师提供一份总结历史遗产、启迪灵感、迈向新世纪的思维导图。

　　（二）国内外建筑学关注的新领域

　　在对建筑历史的研究中，最初的学者多注意单体建筑风格方面的研究。赫尔曼·穆德休斯把建筑的功能、理性与实用方面作为研究的重点。还有学者从人们的心理现象来解释建筑，强调人的主观感觉与建筑外在形式的统一，对建筑审美中的"移情作用"做了分析。马勒认为，基督教教义为哥特建筑找到了一种理想的、自然的及完美的表述。威廉·莱萨比强调，作为实用艺术的建筑，主要还是以适合于人的需求而发展的，与外部世界的结构构成的思想发展密不可分，开始研究建筑中隐含的象征意义。

　　西方建筑史学家把关注的对象从建筑本身移向建筑所产生的社会，移向不同建筑所依托的不同的文化背景与不同的生活方式对建筑产生的影响。从古典建筑对艺术与情感的注重，到现代建筑对科学和理性的张扬，再到后现代建筑对多元化的强调和对传统的回归，西方现代建筑在走一条"之"字形的发展道路。每一次的否定和扬弃，都标志着一种全新的建筑审美观的开始。

伴随着审美观念的转型，西方建筑在不断否定的发展道路上，引导着人们的审美意识发展到新的未知领域。

张法先生认为，中国文化从鸦片战争开始，就一直受到三种文化势力的影响：一是有着几千年历史的传统文化；二是同样有着几千年历史并率先进入现代化的西方文化；三是融合马克思、列宁、斯大林思想的苏联文化。中国建筑文化的现代转型也同样面临着这三种文化的影响。20世纪30年代末，中西建筑文化开始了实质性的融合，促成了中国新建筑体系的产生，使中国建筑由以传统木构架体系为主体的旧建筑体系直接转化为具备近代建筑类型、近代建筑功能、近代建筑技术、近代建筑形式的新建筑体系。

对于中国建筑的传统，侯幼彬先生在其《中国建筑美学》中曾划分为"硬传统"和"软传统"两种形式。他认为，硬传统是外在的、实体的，如西方古典建筑的柱式，中国古代建筑的斗拱，等等。软传统是内在的、抽象的，但又是实实在在地存在着的。真正的民族传统，绝不仅仅是指通过建筑物质载体所体现出来的具体形态特征，更多的是指它的文化内涵，即隐藏在建筑形式背后的价值观念、思维方式、哲学意识、文化心态、审美情趣等。只有从深层次来理解民族传统，才能抓住民族传统的真正内核，继承传统也并不是给现代建筑披上传统建筑形式的外衣，而是要继承传统建筑中所包含的审美意识、设计观念、哲学内涵等。但在传统的继承中，人们往往把注意力放在对硬传统的沿袭上，而忽视了软传统。那种曾反复出现的搬用大屋顶、贴琉璃瓦檐口、追求建筑形式上的绝对对称的做法，实际上就是忽视了建筑的软传统。

在当今的信息时代，要继承与发展中国传统建筑文化，就必须大胆创新，赋予建筑新的形式，用现代技术体现中国文化的审美内涵。正如吴良镛教授提出的"抽象继承"命题，把传统建筑的设计原则和基本理论的精华部分（设计哲学、审美观念等）加以发展，运用到现实创作中来，而对传统建筑形象中最有特色的部分，则可提取出来，经过抽象，集中提高，作为母题，赋以新意，以启发当前设计创作形式美的创造。只有这样，中国传统的建筑文化才能从一种地域文化转换成为具有世界性意义的建筑文化。

杰弗里·勃罗德彭特主要研究建筑设计方法，提出建筑含义有四种深层结构：第一，建筑是人类活动的容器。第二，建筑是特定气候的调节器。第三，建筑是文化的象征。第四，建筑是资源的消费者。他还提出四种设计转换途径：第一，实用型设计，对使用材料进行反复试验，直到出现一种符合设计者目的的形式。第二，类型设计，以群众心目中共有的固定形象为设计依据。第三，类比设计，通过视觉类比引出方案。第四，几何型设计，根据设计网格、轴线及抽象比例体系进行设计。

时代发生了巨大的变化，人们的审美情趣和风尚也发生了巨大的变化，艺术家、建筑师力图寻找震撼人心的时代符号和语汇。说到建筑如何体现"永恒感""超越时代""象征"和"想象力"这些精神层面上的东西，也许很玄妙，不好把握，特别是伴随着人与自然分裂的逐步加深而导致的生态的恶化，伴随着自我感悟、自然人和社会人分裂的逐步加深而导致的焦虑，人们的精神需求日益增长。而现实世界越发难以满足人们精神的空虚，人们努力寻找"归宿"，探寻本源，哲学式地思考着终极关怀。神灵崇拜与宗教信仰也就应运而生，扩展蔓延。于是，传统建筑逐步受到各种宗教文化的熏染，显得玄上加玄。然而，换一个角度来思考，从研究传统建筑如何体现身心和谐的精神美入手，分析传统建筑文化用哪些语汇和符号来表达信仰追求，也许就能把握怎样表现永恒及超越时代的想象力。

二、建筑文化的地域性传承与创造

在中国现代建筑文化中，地域性建筑文化最具中国精神，最具创造性和现代性。地域性建筑是指以特定地方的特定自然因素为主，辅以特定人文因素的建筑作品。地域性建筑适应当地的地形、地貌和气候等自然条件，运用地方性材料、能源和建造技术，吸收包括当地建筑形式在内的建筑文化成就，具有文化特异性和明显的经济性。我国的地域性建筑在不同的历史背景里，发挥这些特异性，不断发展新的内涵。

我国西部地区多样的地形地貌，多变的气候条件，多元的民族生活，多彩的传统民居，为现今的建筑创作提供了丰富的地域性建筑语汇和创作手法。改革开放以来，四川九寨沟宾馆、四川九寨天堂洲际大饭店、景洪傣族竹楼式宾馆、兰州和延安新窑洞居住小区等地域性建筑的成功实例说明，从民居中寻求创作灵感，始终是中国建筑创作最有希望也是最有成就的方向。

　　江南民居建筑粉墙黛瓦，清丽而朴实，与小桥流水相映成趣。江南地域建筑风格的探索，就从这粉墙黛瓦、马头墙、漏窗和园林等要素开始，逐步发展到把握总体环境，以及注入现代气息，始终保持清雅的格调和文人意趣。改革开放以来，改造建设的杭州楼外楼菜馆、上海西郊宾馆等融合南方民居建筑形式和园林手法，运用现代材料及技术，尽显经典建筑与现代神韵。

　　福建地域性建筑特色，源于独特的传统民居形式、建筑工艺和浓郁的侨乡文化。改革开放以来，福建武夷山庄、武夷山九曲度假酒店等吸收闽北传统村居空间形式布局的神韵，传承地方建筑文脉和结构，造型风格与自然环境融为一体，在建筑的形象处理和细部设计方面，反映出更强的现代精神。

　　新疆地区的民族形式建筑，主要运用尖拱和伊斯兰风格的装饰。新疆现代建筑的民族性、地域性的探索，体现在 20 世纪 90 年代设计建设的吐鲁番宾馆新楼，其建筑形式已经摆脱尖拱形式，建筑平面采用集中式布局，门厅吸取了民居的"阿以旺"天窗采光，敦实的台阶式体量处理暗喻向上的山势，生土建筑的体块有几分温馨的古堡气息。而拱窗、半月窗、滴水等细部朴实的处理，既具有一定的现代感又富于地方自然特色。

　　对于地域性建筑的探索，中国建筑师积极引入、实践西方建筑理论和设计思路，逐步形成中国地域性建筑的一些基本特点，具体如下：地域性建筑融于周边环境的意识；集约节约、循环高效利用建筑材料的建筑创作思路；充分发掘地方的绿色建筑技术；鲜明生动地注入现代建筑技术和艺术；开拓城市公共建筑地域文脉的新领地；不失时机地展现现代艺术观念；等等。例如，上海的龙柏饭店、广东的西汉南越王墓博物馆、四川的三星堆博物馆，有对局部地域性的深刻理解，同时关注当地的文化环境和建筑遗存的保护。一些规模不大的地域性建筑，采用有机抽象、抽象表现等手法，比在建筑中引用现代雕塑等做法有本质的飞跃。

现代建筑传承地域性建筑文化，主要有以下几方面。第一，在城市中具备特殊自然环境的局部区域，建筑创作可以运用地域性建筑的一些创作原则。第二，一些有特殊使用要求的建筑组群，如主要领导人下榻的宾馆会馆、大学城和科技园等，建筑的外观并不追求豪华壮丽，可以采用当地建筑材料和建筑形式，彰显地域的建筑文脉。第三，在旧城危房改造工程中，传承城市特色和地域文脉，发挥设计创意，巧用自然条件和地方特色建筑，使用地方材料，包括拆除旧建筑的旧材料，在经济实惠的前提下，完成有品位的作品。第四，在历史文化街区、名人故居和纪念性传统建筑相对集中的地区，优化交通组织、绿地营造、建筑密度和体量，处理好新老区之间过渡地带的建筑环境和建筑文脉的衔接。

第三章　现代建筑的材料语言模式

第一节　传统材料在建筑中的表达

一、中国传统建筑中材料表达的历史启示

英国建筑理论家安德鲁·博伊德曾这样描述中国文化：中国文化成长于中国自身的新石器文化，不受外来干扰而独立地发展，很早就达到了十分成熟的地步。从公元前15世纪的青铜时代直至最近的一个世纪，在发展的过程中始终保持连续不断、完整和统一。建筑的发展是文化的一种，更是集大成者，这种四千余年的相继相承在中国传统建筑上得到了鲜明的体现。以传统木构架为主的中国传统建筑体系很早就发展出了自己的个性，自原始社会出现，伴随着历朝历代的更迭和演变，最终确立了"土木为主，五材并举"的材料策略，并一直相继相承地绵延到近代西方文明的强势融入，直到现代还或多或少地保留着一定的传统。

（一）传统建筑演变中的材料表达

根据我国古代文献记载，"上古之世，人民少而禽兽众，人民不胜禽兽虫蛇。有圣人作，构木为巢，以避群害"（《韩非子·五蠹》），"昔者先王未有宫室，冬则居营窟，夏则居橧巢"（《礼记》），可以看出先民们为了躲避严寒酷暑与狂风骤雨等自然灾害，利用土木等自然材料，创造出了穴居与巢居两种最原始的建筑形式，以此为基础开始了我国传统建筑构造的发展演变。其中，直接构筑在树木上的巢居经过演变成为在柱底架上建造以脱离地面的干栏式构造。穴居则经历地下、半地下再到地上的发展过程，成为中国传统土木构造的主要渊源。中国传统建筑在发展中一脉相承，变化缓慢，

很难对其进行分期断代。以下以朝代更迭为依据，探讨每个时期建筑演变中不同的材料表达方式。

自商周起，木构榫卯、夯土加工等土木建筑技术就已经广泛传播，运用在宫廷建筑和高台建筑之中，而生产力的发展也带来了陶材、青铜等新的人工材料，与土、木相结合，发展出新的材料表达方式。其中，陶代替原本的茅草成为新的屋顶覆层，青铜则主要以连接构件的形式出现在木构件的端部，不仅具备结构上的功能，同时对建筑进行一定的装饰。值得一提的是，周朝已经建立起一套完整的礼仪制度，以明确贵贱尊卑之别，维护宗法制度。《周礼·冬官考工记》中关于建筑的记载涉及建筑的规模形制及材料的选择、色彩的使用等多个方面，孔颖达疏解《礼记·玉藻》说："玄是天色，故为正；纁是地色，赤黄之杂，故为间色。皇氏云：'正谓青、赤、黄、白、黑五方之色也；不正谓五方间色也，绿、红、碧、紫、骝黄是也。'"确立正色为尊，间色为卑的色彩等级制度，为以后明确的色彩等级划分打下了基础。中国传统建筑体系开始与礼制相结合，并有了不同的等级划分。

春秋战国时期的百家争鸣对建筑的发展与传播带来了极大的影响。其中，高台建筑发展到了巅峰，各国诸侯争相筑台，已经成为当时君王展示实力的途径。以夯土高台为基础，上筑高大的宫室建筑，以土、木、陶、铜等不同材料的属性表达为基础，创造出丰富的建筑形式和群体空间。这一时期对建筑色彩的礼制规范与儒家思想相结合，古书记载了"礼，天子、诸侯黝垩，大夫仓，士黈"，如此进一步明确了不同等级的建筑色彩差异。

秦汉时期，中国进入封建社会时代。全国统一带来的文化交融使传统建筑体系得到了完善和定型，"穿斗式"和"抬梁式"结构形式已经成熟并成为主要的结构样式，歇山顶、悬山顶、硬山顶、庑殿顶等多种屋顶样式出现，尽管依然在礼制的约束下，但仍在一定程度上丰富了建筑的表现形式。这一时期的屋顶形式与后世常见的曲线造型不同，屋架为直，屋面为平，整体风格硬朗雄壮。同时，制砖技术和石材的加工技术都趋向成熟并运用到了建筑的实践中，现代遗留的汉代石阙和砖石建造的拱顶墓穴无不表明当时的砖石已经大规模生产并应用。至此，中国传统建筑在土、木、砖、石、瓦五材及"穿斗式""抬梁式"两大结构类型的基础上已经形成完整的体系。

之后的两晋南北朝时期，佛教大兴，佛教建筑如寺院、塔刹等大量建造。《南朝寺考》中记载："梁世合寺二千八百四十六，而都下乃有七百余寺。"佛教建筑发展带来的外来建筑文化对木结构与砖结构的发展起到巨大的作用，尤其是用砖砌筑的佛塔给中国砖建筑的发展带来巨大的变化。后来在建筑中大量出现的琉璃瓦也出现在这一时期，最早多被用作建筑上的装饰。

隋唐时期是中国封建社会最强盛的阶段，这种强盛同样体现在建筑上。对传统建筑体系来说，隋唐时期木构造技术成熟，为宋代"以材为祖"的模数化制度奠定基础。同时，斗拱技术得到了很大发展，举折的做法打破了秦汉以来屋顶硬朗的直线条，形成坡度平缓、反宇向阳的屋面曲线。隋唐时期，斗拱的尺度和结构作用都达到了历史巅峰。梁思成先生评价五台山佛光寺大殿"斗拱雄大，出檐深远"，从其测量数据中可以看到，该斗拱断面尺寸为21厘米×300厘米，屋檐探出达3.96米，这样的规模无论在隋唐之前还是之后的朝代都很难找到能与之媲美者。佛光寺大殿的结构、构造及装饰在斗拱的基础上紧密结合，反映了传统木建筑构造在功能、美学及力学上的一致。

从某种意义上来讲，中国传统建筑体系经过一千多年的发展，在宋朝完成了一个中期总结。这种说法的主要原因在于《营造法式》的颁布，其中材分模数制为中国传统建筑的标准化做出了巨大贡献。《营造法式》以材料类别为依据划分为十二卷，包含对土、木、石、砖、瓦、竹等多个材料的处理规范，可见这一时期的传统建筑已经开始对多种材料综合运用，从客观上鲜明地体现了中国传统建筑在单体构造上的结构理性和对材料的建构性表达。相对于隋唐时期气魄宏伟、严整开朗的建筑风格而言，宋朝建筑则体现出精致柔美的格调，在材料的处理及工艺上，主要体现为斗拱减小、柱身加高、屋顶坡度加大、檐角起翘加高、注重建筑装饰、追求色彩华丽等多个方面。

宋朝之后的建筑发展主要是结构上从简去华，装饰上趋于繁杂。主体木构架一步步地简化，并强化整体性和稳定性。斗拱则逐渐从结构性构件蜕变成为装饰部件。在清明时期的建筑中，斗拱的模数功能和等级象征意义得到了进一步的阐述。建筑色彩方面的等级更加严苛，如青、赤、黄三色被规定为皇家色彩，禁止民间使用，民居只能使用灰色砖瓦，木构件也必须保持原本色彩，不得使用彩色油漆。从故宫建筑群来看，这一时期琉璃瓦已经在建筑中得到了普遍应用，提高了建筑的美观性，玻璃也逐渐取代糊纱、糊纸出现在皇宫建筑中，提高了建筑的采光性能。有别于宋朝的《营造法式》，清朝颁布的《工程做法则例》以斗口为标准单位，制度严密，进一步提高了建筑的规格化与程式化，强化了统治阶级的地位，但限制了传统建筑的发展与创新，这一时期中国传统建筑已经逐渐走向僵滞。至此，中国传统木建筑的发展已经接近尾声，取而代之的是工业化的建筑材料和结构形式。

（二）"五材并举"的材料选择策略

中国传统建筑以木构造为主，但绝不能简单地认为中国建筑在材料的选择上对木材有所偏重。事实上，"五材并举"才是中国传统建筑对材料的选择策略。所谓"五材"，古人认为是金、木、水、火、土，泛指一切材料。宋代李诫在《进新修〈营造法式〉序》中提到，"五材并用，百堵皆兴"，明确认为在建筑营造中，无论什么样的材料都应该基于需要而使用，不能有偏颇。以木材作为主要构造材料只是因为中国古代的匠人们认为这种材料符合建筑构造的需要。在多数传统建筑中，都会运用到多种材料，以砖铺地，以石为基，以土填充，以木为构，以瓦覆顶，以金属材料进行装饰，以及对木材构造进行保护，使每种材料都能够充分发挥各自的自然属性和结构属性。古人在建筑营造过程中对材料性能的认识和运用对今天的本土建筑材料表达仍有借鉴意义。在今天的建筑研究中，大多数人认为"五材"是指中国传统建筑中最为重要的五种材料，即土、木、砖、瓦、石。

（三）结构理性与人文感性的交织

材料表达不仅仅是单纯的对建筑材料的营造，而是人的审美意识与历史背景在建筑构造的基础上和谐统一的过程。对中国传统建筑来说，材料表达的理念特征可以总结为结构理性和人文感性的交融。这种交融主要源于古时标准化的营造及传统文化带来的人文氛围。

1.标准营造带来的结构理性

从《营造法式》中的"材分模数制"和《工程做法则例》中的"斗口制"可以看出，中国的古人很早就已经在材料理性逻辑特征的基础上完成了建筑构造的模数化解读，并建立了一套经得起历史考验的技术标准。模数化及标准化的建造准则使得中国传统建筑在单体表现上并不突出，早先甚至有很多西方建筑理论家因此认为中国传统建筑毫无艺术性可言。然而，与西方古建筑对个体的强调不同，中国传统建筑更加注重群体布局的完整和变化。在传统建筑灵巧多变的群体布局中，建筑单体与群体意境相呼应，更能凸显标准化营造带来的结构理性的价值。

中国传统建筑单体的平面通常是以柱网或者屋顶构造的布置为基础进行表现的，建筑的平面也就等同于结构的平面。所以，传统建筑的面积大小一般使用"间""架"这样源自结构的名词来表达。其中，"间"是指纵向轴线之间的面积，又叫"开间"。"架"是指檩木，在模数化的建筑构造中用来表达房间进深。在规定柱网的前提下，口语及官方文献中都是以"几间几架"来表达建筑的平面形式，这种表达方法一直沿用到今天。标准化的理性结构带来了建筑平面上的雷同，为了适应不同的使用要求，在结构上就利用"增减柱距"和"减柱造"等手法来调整构造，由此在结构理性的前提下满足使用需求。

在材料的表达方面，传统建筑的结构理性主要表现在古时匠人对材料本真的深刻理解和真实的结构表达。中国传统建筑强调结构因素对建筑整体或者局部构造的影响，工匠在建筑营造过程中忠实于材料的真实特性。每个材料都根据其独特的力学特征有着不同的建构方式，就像木材之于框架结构，砖石之于拱券结构，即使是在主流的木构造建筑中，土、木、砖、瓦、石也因其不同的特性有着不同的安排，相互组合、弥补。中国传统木建筑虽然在清明时期从成熟走向繁杂，斗拱也从结构象征演变为建筑装饰，但我们不可否认全盛时期的中国传统建筑在材料表达上对结构理性的体现和追求。

2.传统文化带来的人文感性

中国传统文化从来都是以人为中心的，体现在建筑上，就是以理性的结构营造出的传统建筑，却表露出人文感性的氛围。先民们在建筑中躲避自然灾难，认为建筑是人从天地中划分出的一个人为的"小天地"，而建筑所用的材料都来自土地，古人认为其是"大地的恩赐"，所以最初的建筑文化是由崇拜天地的文化思想发展而来的，具有法天象地的意味。很多宫殿建筑的比例都明显带有对"天圆地方"传统思想的呼应。

在儒家思想的影响下，对天地的崇拜逐渐演变成对"天人合一"的追求，取之自然的众多材料按照其自身独特的属性特征，以人为中心进行组合，建立建筑与自然的联系。从哲学的角度来看，中国传统建筑是在"天人合一"哲学思想的指导下进行构建的。

具体从材料的表达来说，传统工匠们对材料的运用往往会遵循一定的形式美原则，包括统一、比例、节奏、韵律、协调等。中国传统建筑群体在色彩上一般都保持高度的一致性，单纯的统一可能会使建筑群体单调乏味，而利用不同材料之间的差异就会形成对比变化，突出各种材料不同的质感。例如，室内木材的温暖柔软与室外砖石的坚硬冰冷之间的对比，砖块和石材不同大小形状的对比，都让整个建筑群产生一种生机感。多种材料遵循各种不同的形式美原则，相互组合、搭配，展现了中国传统建筑文化中的人文感性。

二、传统材料在现代建筑中的表达

（一）传统建筑材料的属性特征

传统建筑材料就是在传统建筑中普及应用并沿用至今，多为天然或者经过简单人工处理的材料，在中国建筑理论中多指土、木、砖、瓦、石。这五种传统材料从秦汉时期就已经被大量使用，是中国传统建筑文化的重要载体，探究其属性特征，以了解其在传统建筑中的应用状态，有助于在现代建筑设计中对传统材料进行解读。

1. 土

土是最古老的建筑材料，早在先民们从天然的山洞中走出，并以穴居的方式生存在大地上时，就与土结下了缘分。从象形汉字的溯源来讲，墙、壁、基、坛等字无不表明了土材料在中国传统建筑中的重要性。运用在传统建筑中的土有两种，一种是自然状态下的生土，一种是经过人工夯实的夯土。其中，夯土结构紧密，有效克服了生土松软、吸水等缺点，多被用以夯筑台基和构筑墙体。除了夯土，古人在长期的建造实践中发现，黏土沾水之后具有较强的可塑性和黏结性，因此采用"以土为基，置骨加筋"的手法将麦秸、稻草等纤维材料添加在泥土之中，待其干结硬化之后得到硬度、韧度都大大提高的土坯。这样的结构模式与现在盛行的钢筋混凝土有异曲同工之妙。土坯工艺的出现极大地拓展了土材料在建筑中的应用，时至今日，北方地区的很多乡村仍在使用土坯作为建筑材料，与砖材共同砌筑成"里生外熟"的墙体，既保证了墙体的坚固耐久，又大大提升了建筑的保温隔热性能。

　　作为建筑材料，土的耐久性和适应性强，更是能够就地取材，节约开采和运输中耗费的人力、物力。从保护生态环境的角度来看，土取之于大地，又归于大地，实现完全的循环利用，最大限度地减少对自然生态的破坏。热功能效益出众是土建筑极为显著的一点，土质墙体一般都较为厚实，对热量的传导性较差，能够较好地隔绝室内外温度，形成冬暖夏凉的室内环境。

　　2. 木

　　在中国传统建筑体系中，木材是最主要的建筑语言。木材的广泛应用，以及在数千年发展中成熟的榫卯、斗拱等高水平技术和艺术成就，使中国传统木建筑相对于其他建筑文明中的木建筑来说，更加独树一帜。正因为如此，中国人对木材有种独特的爱好，它承载着我们对传统建筑的印象，给人以亲近历史的感觉。作为传统建筑中的主要结构材料，木材具有极佳的力学性能，尤其在其顺纹方向上具有较高的抗压和抗拉强度。并且，木材自重轻，韧性强，使木构建筑具有良好的抗压和抗冲击的能力。释迦塔是中国现存最古老的木构塔式建筑，其优秀的木结构减震性能使之在近千年的历史中经历了多次强烈地震的考验后，仍能屹立至今。然而，木材的易腐蚀及不耐火的特性同样决定了木构建筑的使用寿命，太多被载入史册的传统木构建筑耐不住时光及战火的侵蚀，消失在历史长河之中。

　　木材不仅可以作为结构材料，也可以作为装饰性材料。其天然质感带来

63

的木纹肌理与柔和光泽，在材料的表达中充满自然质朴的艺术氛围。木材的年轮肌理不仅具有丰富的美学效果，而且通过对时光流逝的记录表达独特的人文感性。与土材料一样，作为自然生长的绿色材料，可再生、无污染的木材具有极高的生态价值，在追求可持续发展的今天，木材是表达建筑生态性的重要载体之一。

3. 砖

砖作为建筑材料的历史非常悠久，早在秦汉时期就已经大量运用，故有"秦砖汉瓦"之说。砖是以泥土制坯然后烧制而成的，是先民智慧与经验的结晶。因为烧制，砖材本身较脆，受力性较差，抗拉抗弯性能同样不尽如人意，但是优异的抗压强度和保温隔热性能使砖成为极佳的砌墙材料。砖的质感斑驳而温暖，受烧制过程的影响，表面较为粗糙。从色彩上来看，砖主要分为青砖和红砖。中国古建筑一般使用青砖，如北京四合院、徽州民居等都是以青砖砌筑，展现朴实的建筑色彩。现代民居则多用红砖，追求温馨的暖色调。

在中国传统建筑体系中，只有宗教类建筑及墓穴陵寝以砖作为结构材料并大量运用。在这两类建筑中，砖构造并没有发展出像木构造那样复杂多变的建筑细节，却在表面纹饰下了较多的功夫，形成砖雕和砖绘。后来，这种表达手法逐渐普及，砖雕成为传统建筑中常见的一种装饰表达。在砖材上有目的地进行雕刻绘制，并与具体的建筑构件如影壁、山墙等相结合，使其与建筑空间的意境相符，这是对传统文化艺术表达的升华。

在材料表达方面，单体的砖材以雕花镂空的形式展现其艺术价值，在整体表达上则依赖砖墙丰富的纹理。与木材天生的纹理不同，砖墙纹理的形成多依赖砖与砖之间的灰缝与其砌筑方式，不同的砌筑方式使砖与灰缝组合成不同的纹理，这种以人工为主导的肌理创造方式恰恰体现了建筑的人文特色。传统建筑对砖墙肌理的处理一般采用一顺一丁、梅花丁、三顺一丁等砌筑形式，集美观与实用于一体。

4. 瓦

从制作根源上来讲，瓦和砖是极为相似的，大多都是由泥土烧制而成。相对于砖来说，瓦更早地运用在中国传统建筑之中。考古发现，在两千多年前的西周时期，古人就已经用瓦片替代茅草作为新的屋顶覆盖材料。瓦作是中国传统建筑工艺中极其重要的一部分，在建筑材料的表达上集美观、实用于一体，在一定程度上表达传统建筑的屋顶艺术，同时体现森严的礼仪等级。

从功能上来讲，中国传统建筑常用的瓦分为盖瓦、脊瓦和瓦当。其中，盖瓦用于铺设屋顶坡面，有鱼鳞瓦、仰合瓦等多种形式。脊瓦则用于屋顶脊线的覆盖，在宫殿建筑的脊瓦上多装饰仙人走兽等构件，以突出殿宇威严，并带有祈福的意味，是中国古建筑的一大特色。瓦当则用来覆盖建筑屋檐前端，其上多绘制装饰纹样。瓦当上绘制的纹样内容涵盖极广，有表达自然的草木虫鱼，表达祥瑞的麒麟龙凤等图案，也有各种造型华美的文字。古代的工匠在有限的空间里对社会百态及文化思想进行艺术加工，使其具有极高的装饰性和审美价值，大大提高了瓦材的人文表现力。

从不同材质来看，瓦又分为青瓦、琉璃瓦、铜瓦、石板瓦、木瓦等，其中最为常用的是青瓦和琉璃瓦。青瓦常见于民居建筑，因不上釉而显青灰色，是运用最多也是等级较低的一种瓦。琉璃瓦则是在陶瓦的基础上上釉，表现出黄、绿等多种色彩，是比较高级的建筑材料之一。依照中国传统建筑的瓦作形制，瓦作分为大、小瓦作。其中，大瓦作被规定用于宫殿、寺庙等建筑，多使用琉璃瓦，而用于民居的小瓦作只能使用小青瓦，并且屋脊上禁止有吻兽等构件，以体现传统礼制。

5. 石

同木材一样，石材也是天然材料，其自重较大，坚硬耐久。从力学性能上来看，石材的抗压性能极为优异，因此西方古建筑以石材作为承重结构。在中国传统建筑里，对石材和砖材的处理手法具有极大的相似度，同样不被用于主流结构构造，同样以雕刻绘画带来装饰性作用。但是，与砖材不同的是，中国人对石材的追求带有更高的精神文化需求。从春秋之时孔子以玉比德，到后世文人墨客寄情于石，再到民间对泰山石的灵物崇拜，石文化俨然是中国传统文化的重要组成部分。古典园林建筑可以说是用石艺术的集大成者，浑然天成的假山、奇形怪状的太湖石等无不体现古人"虽由人作，宛自天开"

的意境追求。

在传统建筑中，石材多作为木构建筑的台基和栏杆等。在元代以前，台基一般都是由普通石材砌筑而成，其上并无过多的装饰、雕刻。自清明之时起，传统建筑较之以往更加注重装饰效果，台基上慢慢出现一些简单的图案，如云纹、花纹等，增加了建筑的细节特征。台基主要分为普通台基和须弥座两种。普通台基就是夯土外包石材，多用于普通的建筑。须弥座是我国建筑特有的一种造型，华丽大气，广泛运用于宫殿建筑中。

相对于皇家宫殿的高贵典雅，传统民居尤其是山地民居对石材的运用就稍显粗犷，多用不加雕琢的石块进行砌筑，体现山野情趣和自然之美，对现代建筑中石材的表达手法来说，有很大的借鉴意义。

（二）传统材料的结构表达

全球化背景下的文化交融促进了现代建筑艺术的发展，人们对建筑功能、空间、形式等方面也都有了更高的要求。传统的材料技术已经不能满足建筑发展的需求，建筑师开始尝试使用新的工艺来探索传统材料在表达方面更多的可能性。

1.新的材料工艺

传统的材料工艺主要依靠人力对自然材料进行表面化的处理，材料的性能不会得到改善。科学技术为材料的加工带来了新的发展方向，对材料的性能进行了提升，丰富了传统材料的表达方式。

现代土材料的发展主要在于夯土墙制作中对生土与石灰、混凝土等添加物的配比，在中国美术学院的"水岸山居"项目中，王澍以夯土墙作为主要承重墙体，克服了传统夯土墙体裂缝、大面积脱落等缺陷。"水岸山居"中的夯土墙以中国美术学院生土实验室的研究成果为指导，选择合适的材料配比和金属模板等设备进行建造，暖黄色的色调温暖而质朴，与其木架结构共同营造出传统江南乡村的生活氛围。

现在的木材加工技术以集成材为主，其主要是在材料加工过程中将板材中的木节、裂纹等部位剔除，经过去水处理然后粘贴压合形成的。相对于传统木材，集成材突破传统木材的天然偏差，具有均匀的结构强度，并且其尺寸和形状都可以按照设计的需求进行深度定制，给建筑的材料表达方式带来更大的自由度。另外，在加工过程中可以通过化学处理的手段弥补传统木材不耐火、易腐蚀的特点。日本冈山县"花美人的故乡"是一座以花为主题的公共建筑，建筑师为了表现花的主题并与周围木建筑环境相融合，使用了大量的预制集成材作为结构表现材料，弯曲的集成材结构对花的造型进行抽象化，与木材的天然质感相呼应，形成柔和温暖的空间氛围。

传统砖瓦材料由于其制作过程中对耕地与环境的破坏，已经逐渐被淘汰，取而代之的是以工业废料和生活废料制成的粉煤灰砖、炉渣砖等新型的非烧结砌块。就石材而言，现代技术的发展，尤其是新的切割技术颠覆了传统石材沉重的形象，让石材能够在保持原有色泽和纹理的前提下达到较为轻薄的效果。平滑石材还可进行抛光、哑光、烧毛等表面处理工艺，产生不同的艺术效果。

2. 传统构造的更新

因为技术的限制，传统的构造方式完全遵循材料的力学特征，对土材进行夯筑，对砖石进行砌筑，木材则是搭建形成梁柱体系。随着科技的进步，借助钢材、钢筋混凝土等现代材料的力学性能，传统材料摆脱了力学上的限制，创造出了更多的构造方式。其中，以木材和石材的应用成就最为显著。

建筑的木构造多以榫卯为连接结构，通过不同凹凸的紧密穿插，巧妙地将各个方向的木构件穿插在一起，既保持了整体结构的简洁一致，又能使结构构件结合部分具有一定的强度、韧性和变形能力，但结构刚度较低。在现代木结构建筑中，木材的应用通常会与钢结构相结合，利用金属构造节点代替传统的榫卯结构，为木构造提供更多的灵活性，在适应更复杂结构要求的同时，丰富木结构建筑的构造形式。"水岸山居"中特殊的屋顶木结构是王澍对传统的木构造屋顶的总结与创新，以相互交叉的杆件来形成稳定的屋顶支撑结构。整个屋顶杆件结构可以分为两种序列，在主要序列及一些受力情况复杂的次要序列中添加钢骨作为杆件的构造节点，以提高结构的刚性和对屋盖顶棚的承载力。

传统石材作为结构材料时，多与钢筋混凝土结构相结合，一般以构造柱或者圈梁的形式对墙体进行加固，以保证石砌墙体的结构稳定性，或者将石材作为不承重的填充砌体与混凝土框架相结合，以保证石材建筑的稳固。例如，在马清运的"玉山石柴"中，房子的外墙就是以钢筋混凝土框架结构结合当地的鹅卵石砌筑而成，随意添加的石块显示出不同的色调，形成如同河边石滩一般的肌理，蕴含着大西北的泥土气息。

（三）传统材料的人文表达

在现代建筑的表现中，表皮材料获得越来越多的关注。在材料表达没有被强调之前，现代建筑主要是以空间的表达为强调元素，表皮只是空间感知的衍生物。随着现代建造技术的发展，单一材质的墙体表现逐渐演变成为多层次、多材质的覆层建造，在适宜的建造技术下，建筑表皮完全可以独立于结构与功能的表达，单独呈现出其相应的知觉属性。传统材料作为传统建筑文化的主要载体，在其功能结构属性已经相对落后的情况下，更适合作为建筑表皮进行使用，便于表达传统建筑文化的人文感性。

1. 质感表达

传统建筑材料的质感是通过视觉和触觉传达的，可以分为天然质感和人工质感两种类型。天然质感是指传统材料自身的质感，人工质感则是天然质感经过现代技术的加工之后变化形成的，是材料属性的人工呈现。

在传统材料表皮化设计中，较多地使用材料的天然质感来表现建筑"土生土长"的本土意境。建筑师通过独特的设计手段将木材的柔和、石材的粗犷、砖材的细腻、土材的古朴等自然的质感在建筑中呈现出来。在五女山博物馆的建造中，建筑师采用外墙垒石组合墙体的构造，以青石为表现材料，在结构墙体的外层构造出石材表皮，天然朴拙，呼应当地传统高句丽建筑的积石文化。天然石材的表达使参观者走进博物馆就像走进时空转换的古代高句丽，将传统文化直接呈现在人们眼前。

经过现代的加工处理手段，传统材料会呈现出精细的人工质感，这种人工质感可以是材料天然质感的另一种表现形式，也可以体现现代工业的独特美感。北京建筑工程学院的学生综合服务楼为表达建筑几何逻辑关系，使用抛光后的木材作为切口内外墙材料，形成细腻的木墙质感，与切口外的清水混凝土墙体相呼应。

2. 肌理表达

建筑材料的肌理是指材料的肌体特征和表面纹理结构在光照的作用下反映出的材料的独特感官效果，从而给人以不同的印象。从材料表面的光滑程度来说，表面光滑的材料充满现代感，表面粗糙的材料则传达出自然原始的粗犷美感，极具历史韵味。

在建筑中，人们感受到的肌理主要是由建筑表皮不同的构造方式和材料的自然肌理共同决定的。对传统建筑材料来说，根据材料不同的属性，肌理的创造手法主要是有对木材的编织、对砖石的砌筑及对土材的夯筑。

木材独特的线性特征使其能以编织的构造方式完成对建筑表皮肌理的创造。编织构造具有极大的灵活性，可以根据设计需求采用不同的编织手法，并且对材料密度和大小进行控制，创造出性格各异的具有透明性的建筑表皮。马清运设计的朱家角行政中心以木质格栅编织形成建筑表皮，与建筑的玻璃幕墙相结合，形成传统与现代、透明与半透明的对比与交融。其中，木格栅的竖向模数与建筑外墙的青砖模数相一致，形成立面的韵律。

现代建筑结构技术的发展，尤其是钢筋混凝土结构的出现，对砖石材料的肌理表达具有深刻的意义。在脱去建筑结构承重责任的情况下，砖石砌筑肌理的艺术表现得到了突破性的进展。砖石的肌理分为两种，一种是砌筑肌理，一种是贴面肌理，两者的差别就在于砌筑所带来的是"三维"表达效果，而贴面只能实现立面上的"二维"表现。在目前的建造技术下，无论承重与否，以砌块形式出现的砖石材料都需要遵循自身的属性特征及建构逻辑，贴面肌理则相对随意很多，可见砌筑的肌理更能体现建筑真实性建构的意义。

影响砖石砌筑肌理表达的因素主要有材料本身的知觉特性、砖石在砌筑过程中的位置顺序，以及砖石与砌筑缝隙之间的纹理关系。现代建筑中砖石的砌筑肌理主要取决于建筑师选择的砌筑方式，主要包括随机性砌筑方式和规则性砌筑方式。砖石材料的随机性砌筑是最为原始的一种砌筑方式，施工难度低，耗时短，曾经普遍运用于民居建筑中，呈现出自然野性的粗犷美感。规则性的砌筑方式除了传统的一顺一丁、梅花丁、三顺一丁等方式，还发展出了更多打破常规的新方式，以达成建筑师的表达目的。红砖美术馆是目前国内较少的以砖为表现主体的建筑，建筑师在钢筋混凝土结构的基础上，以砖材的不同砌筑手法表达砖墙的肌理，呈现出纯粹自然的建筑美感。建筑中使用大量非传统的砌筑手法进行创作，如外墙阳角交接的英式砌法、室内墙体的砖块点阵、百叶式的镂空墙及砖墙边角的凹凸处理等，将砖材的表现力发挥得淋漓尽致。

按照土材的不同加工方式，现代建筑中土材的肌理表达可以分为夯土夯筑肌理和土坯砌筑肌理。其中，土坯砌筑肌理以砖石砌筑的方式形成不同的肌理形式，与土坯天然肌理相结合，形成变化丰富的肌理效果。夯土夯筑肌理主要是在夯实的过程中产生的，一般是由夯筑的方式或者材料的配比决定的。张永和在二分宅的设计中以钢板作为模具对夯土墙进行处理，施工中每次放土然后夯实的过程形成相应的痕迹，在模板拆除后展现出夯土墙体水平韵律的线条肌理，同时也是对施工过程的记录。

第二节　现代材料在建筑中的表达

一、现代典型建筑材料的属性特征

工业革命之后，机械生产水平大幅度提高，钢筋混凝土、钢铁等新的建筑材料的出现和应用，给当时的建筑设计带来了极大的冲击。首先是突破了传统材料对建筑跨度、高度的限制，现代材料出色的力学性能满足了建筑更高、更大的空间需求和造型趋向。其次是现代建筑材料可控制的造型、质感、肌理和色彩极大地拓展了现代建筑的表现性。本节针对玻璃、混凝土和金属这三种在现代建筑中应用最为广泛的典型材料进行讨论，研究其属性特征，以了解各种材料的性能，有助于解读其在现代建筑中的表达手法。

（一）玻璃

与绝大多数人的认知不同，玻璃材料同样具有悠久的历史，根据史料记载，公元前 1500 年的埃及就有了用玻璃制作器皿的工艺，现存最古老的古罗马宝石玻璃制品波特兰花瓶诞生在 2000 多年前的罗马帝国时期。在当时的技术与生产条件下，玻璃完全是可以与黄金相媲美的贵重物品，无法大肆生产，更不可能在建筑中得到应用。随着技术的进步，平板玻璃制造工艺诞生，玻璃逐渐从贵重物品演变成为工业材料，并得到了进一步的推广，也真正实现了在建筑中的广泛应用，但这一时期的玻璃主要应用于窗户等采光部件。20 世纪以来，玻璃的制造工艺和应用技术都得到了迅速发展，玻璃材料在建筑设计中的应用已经不再局限于采光部件，而是扩展到墙体、屋顶、地板，甚至建筑承重结构等部位，给建筑设计带来巨大的发挥空间。

玻璃是一种复合加工材料，种类繁多，材料特性也各不相同。从材料的知觉特性来看，玻璃可以分为普通玻璃、磨砂玻璃、有色玻璃等，在建筑中各有不同的应用。

在现代建筑实践中，玻璃最被建筑师重视的是它独特的透明性和反射性，这两种特性对建筑的影响极大，使光线成了重要的设计元素。1914 年，德国科隆展览会中，建筑师布鲁诺·陶特设计建造的玻璃展览馆大放异彩。展览馆除了结构材料，全部使用各种各样的有色玻璃和玻璃砖，通过光线的反射与折射形成一座完全融合于光的建筑。光线在穿过玻璃的同时，也将自然带进了建筑内部。玻璃带来的透明度改变了室内外空间完全隔绝的状态，形成自然空间与人工空间的过渡，与中国传统文化中人与自然和谐交融的态度不谋而合。迹·建筑事务所设计的水边会所坐落在盐城的一条小河边，风景秀美纯净。为了最大限度地减少建筑对环境的影响，建筑师以玻璃盒子为原型，通过玻璃材质的透明性来消解建筑本身的物质性，创造出流动而透明的空间，将景观、人与建筑和谐地统一在一起。

玻璃的肌理特征在材料表达中同样起到了重要作用。玻璃的肌理特征分为两种。一种是玻璃在生产过程中因压花、蚀刻等特殊的工艺和处理手法产生的，如磨砂玻璃、印花玻璃等，这些纹理不仅使单纯采用玻璃幕墙的建筑立面有了细微而丰富的细节，而且削弱了玻璃的透明、折射、反射等性质，微小的细节使光线更加弥散柔和，建筑空间隐约可见，呈现出朦胧含蓄的美感。另一种是类似砖石砌筑方式产生的分割肌理，一般用在大型的玻璃幕墙设计中。

（二）混凝土

人类使用混凝土的历史可以追溯到金字塔的建造，当时混凝土已经作为辅助材料被埃及人使用，后来混凝土技术经希腊传入罗马，罗马人用它建造了万神庙等多个蔚为壮观的建筑。19世纪中期以后，为了改善混凝土的受拉性能，钢筋混凝土结构技术开始出现。钢筋混凝土结构把钢筋加入混凝土之中，利用钢材在受拉方面的优势，使混凝土结构在受拉和受压两个方面都拥有良好的性能。

在现代建筑设计中，钢筋混凝土是主要的结构材料之一，也是建筑造型的主要表现材料。目前，主流的混凝土表现可以分为两类，以柯布西耶等现代建筑大师为代表的西方建筑中的混凝土表现特征主要是突出的雕塑造型和粗犷的表面形象，而以安藤忠雄为代表的日本建筑师追求细腻纯净的材质和严谨的表面形象。在中国现代建筑中，混凝土的应用多种多样，建筑师根据创作环境的需求，不拘泥于一定的风格，拓展出混凝土表达的更多空间。

从材料属性上来说，混凝土是一种工程复合材料，具有极强的造型塑造能力，再加上钢筋混凝土对结构性能的加强，使很多原本只能出现在想象构思中的建筑概念成为现实。杭州中山路改造项目，可以说是对混凝土造型塑造能力的充分利用。抛开文化因素，王澍先生以混凝土的造型能力重塑太湖石，并体现出其"皱、漏、透、瘦"的美学特质。

从材料质感来说，混凝土的制作工艺使其肌理、颜色同样可以被塑造。模板的选择、骨料的类型、浇筑的手法、特殊的添加剂等因素都能够对混凝土质感的塑造产生影响。混凝土的肌理分为两种。一种采用特殊的模板进行浇筑，形成的表面肌理与模板相契合，如"竹条模板混凝土""木条模板混凝土"等处理手法。另一种则是清水混凝土，需要以高超的施工工艺一次性浇筑成型，不做任何处理，形成平整光滑、色彩均匀的朴素界面。混凝土色彩主要分为灰色系和彩色系两种。其中，清水混凝土的颜色一般为灰色系，也较为常见。

（三）金属

早在数千年前，金属就已经作为装饰构件出现在中国传统建筑中，在现代建筑刚刚起步的阶段，金属材料多以钢结构、金属构件的形象出现。随着时代的发展，建筑艺术进一步突破，金属在建筑创作中得到更全面的应用，从内部结构到外层表皮，金属材料都能发挥自己独特的作用。建筑中的金属材料多为合成金属，包括钢铁、铝合金、铜合金等，种类众多，性能也大不相同。金属材料在结构应用方面以钢结构为主，是现代建筑的主流结构形式之一。

钢材强度高、自重轻，同时具备较好的延展性和抗拉性能，是目前建筑工程中运用最多的金属材料。与梁、架、柱及拱券等传统的静态结构构件相比，钢结构构件形式变化多样，以极具力量感的构造方式表达出动态的结构逻辑，给人以视觉的冲击。例如，北京奥运会主场馆"鸟巢"以线性编织的手法进行构建，三层钢架结构相互穿插，并以同样的尺寸展现在建筑表皮，使人感受到钢构件相互之间的动态平衡，形成"乱中有序"的艺术韵律。

在材料质感方面，金属材料具有极为鲜明的时代特征，依托现代技术展现出相应的肌理特征，反映技术理性的美感。金属材料工艺性极强，可以通过磨光、打毛等手段获得光滑或者粗糙的表面质感，也能够根据设计者的需求，通过蚀刻、喷砂等技术形成凹凸变化的纹理。在建筑表皮的表达中，金属材料的这种丰富变化和高度可塑性为建筑立面的创造提供了更多的可能，也使金属材料与其他材料能够更融洽地搭配组合。

金属作为与人类文明发展息息相关的主要材料，往往还被赋予相应的文化意义，就像青铜已经超脱材料的限制，成为中国传统文化的重要组成部分。在殷墟博物馆的创作中，为了呼应商代的青铜文化，建筑师以铜为材料构筑中央庭院。青铜墙面风格粗犷，带有少量的商文化图案肌理，朴实厚重。何镜堂院士在安徽省博物院的创作中，以体量材质化的处理手法，将青铜纹理与木质衬里相结合，从现代的视角重现传统历史。

二、对传统建筑构造的诠释

（一）传统工艺的重置

中国古代并没有建筑师职业，盖房子、造园林都是由工匠来完成的。在传统建造技术发展过程中，匠人对前人的建造工艺及经验进行总结和提升，他们既是房屋的建造者，也是传统工艺的传承人。经过长时间的实践发展，传统工艺作为中国传统建筑体系中的重要组成部分，已经完整地包含材料选择、构件加工、结构建造等多个流程的技艺与方法。传统的建造多以纯手工的方式进行，匠人自然地将自己的情感倾注其中，使传统建筑带有更多的人文感性。传统工艺并不是一种定式的技术，而是一种随着环境变换而不断改进的传统材料营造手段，在改进的过程中会不断吸收更先进的理念和更合理的技术。但是近年来，随着传统材料的相对没落，传统工艺的作用和价值都在逐渐消逝，慢慢地退出建筑艺术的舞台，甚至面临失传的危机。对传统工艺进行重置，就是对其进行改进、更新，以适应现代材料，并挖掘传统工艺与现代材料的结合点，这对建筑中的材料表达具有重要意义。

不可否认，工业化的材料处理和标准化的材料生产给现代建筑工程带来了极高的效率，但制造出的建筑往往缺少人情味。建筑师试图将人工的不确定因素和传统工艺的情感色彩带入建筑标准化的施工中。在康巴艺术中心的建设中，建筑师以当地藏族传统的石材砌筑方式打乱混凝土砌块机械化的层层堆叠，重新构建墙体的凹凸逻辑。建筑施工开创性地用传统的砌筑技术来代替现代施工所需要的立面详图，使工匠在一定的范围内自由发挥，重塑传统的建造方式。在外墙粉刷上同样抛弃现代化的涂抹方式，以白色涂料经手工不均匀涂抹砌块墙面，形成粗犷的立面美感，回应传统的藏族文化。宁波博物馆的外墙设计展现了传统与现代的交融。在钢筋混凝土墙体上，设计师王澍并没有采用一般的机械抹平处理，而是让工匠以江南常见的竹条作为混凝土浇筑模板，在混凝土墙面上留下大小不一的竹条内部凹陷印记，形成天然粗糙的独特肌理。"竹条模板混凝土"的处理手法以竹材的天然质感来缓和混凝土墙体带给人的冰冷坚硬的感觉，形成独特的艺术美感，在很多混凝土建筑都被使用。

（二）传统结构的转译

早在殷商时代，以榫卯连接梁柱的中国传统的木构造体系已经基本成形，并一直延续发展到近代，形成了梁柱、榫卯、斗拱等极具特色的结构构件。随着科技的发展及近代西方建筑文明的传入，钢材与混凝土等新型材料的普及、运用带来新的建筑结构形式，传统的木构造被取代，逐渐失去了实践意义。近年来，中国建筑界对过去多年的发展进行反思，重新探讨了传统木构造的合理性与实践意义，传统的结构模式被重新重视。以现代材料对传统结构模式进行抽象化的转译，是表达建筑本土性的一个重要途径。从转译对象来说，斗拱以其独特的传统建筑文化代表意义受到众多建筑师的青睐。

斗拱是中国传统建筑的重要构件，从最初的结构意义到后来的装饰意义，如今斗拱逐渐演变成中国传统建筑的代表符号，甚至已经成为中国本土文化的代表符号。在上海世博会中国馆设计方案的竞赛中，最重要的评判标准是"唯一性、标志性、地域性和时代性"，最终被选中的是何镜堂先生主持设计的"东方之冠"方案。上海世博会中国馆用现代立体构成的手法对传统建筑结构进行独特的演绎，建筑语言简单凝练，纵横交错的直线条构成了平衡和稳重，对斗拱的造型与结构特征进行了简化和再现。建筑整体采用钢筋混凝土筒体加组合楼盖的结构体系，生成一个层层悬挑的三维立体造型体系，从结构上体现了现代建筑材料与工程技术共同产生的力学美感。为了体现中国特色并呼应世界发展，建筑以具有层次感的"中国红"作为主色调，选择铝板作为外墙材料并以凹凸变化的垂直条纹肌理模拟长城的蜿蜒起伏，颇具文化意味。

红色的金属外墙与带有传统纹理的彩釉玻璃相互映衬，整个斗拱造型传达出极为震撼的视觉效果，尽显中国时代发展的磅礴大气。

三、对传统建筑文化的诠释

中国传统建筑文化源远流长，现代的本土建筑创作很难将其具象在某一座建筑中，最好的做法莫过于从总体中进行选择提取然后进行表达。传统建筑文化包含两个部分：一是传统建筑的表现特征，包括色彩、造型等多个方面。二是传统建筑的文化意境，包括建筑营造理念、价值审美、空间环境氛围等，反映出传统的文化内涵。从现代材料表达的角度来说，主要从建筑的色彩、造型及意境三个方面对传统建筑文化进行诠释。

（一）对传统建筑色彩的诠释

中国传统建筑涉及的色彩极为丰富，不同的色彩蕴含着多姿多彩的文化意味，在世界建筑体系中都可以说是独树一帜。梁思成先生曾经评价，中国古代匠人可能是世界上最敢于也是最善于使用颜色的了。中国传统建筑色彩等级制度使主流的美学一直存在两种并行的审美态度。一种如皇家建筑追求华丽精致，如明清故宫青、赤、黄三色对比鲜明，彰显皇家威严。另一种如民居建筑多使用朴素的色彩，例如：中原地区民居多以青砖灰瓦为主色调，色彩质朴平和；徽州、苏州等地的民居建筑色彩淡雅，如水墨画一般的黑白灰色调使建筑恰当融入烟雨江南的风光之中。在从现代材料角度对传统建筑色彩的诠释中，多以这两种审美意识为借鉴。其中，对皇家建筑色彩的应用以红色为主，以"中国红"的色彩表达来体现传统韵味，如上海世博会中国馆及重庆国泰艺术中心，它们都使用红色来引起人们的民族意识与共鸣。传统民居建筑色彩同样受建筑师的青睐，如万科第五园及苏州博物馆新馆都以苏州和皖南民居的黑白灰色调来表现建筑的传统文化底蕴。

我国是一个地大物博的多民族国家，不同的地域环境、不同的生活方式及文化观念对传统建筑的色彩表现都产生一定程度的影响，这些影响使中国传统建筑色彩表现呈多元化发展。例如，藏族地区建筑崇尚红白两色，云南地区建筑以蓝白较多，闽南地区建筑则多以红色为主色调。由此可见，色彩不仅是我国传统建筑文化的一部分，也是地域文化的重要体现。从现代材料角度对传统建筑色彩进行诠释，是在本土建筑设计中延续地域文脉的重要手法。拉萨火车站位于拉萨河南岸，与布达拉宫遥相呼应，建筑师崔愷以红白映衬的建筑色彩来回应藏区传统建筑文化。与中原地区的传统建筑不同，西藏传统建筑秉承藏族独特的宗教信仰和民族传统文化，在建造方式、材料色彩等方面都有着独特的地方特色。尤其是在色彩方面，藏族传统建筑色彩鲜明，极具特色。白色在藏族文化中象征着吉祥纯洁，以天然的石灰浆塑造的白墙在阳光下耀眼夺目，与湛蓝色的天空形成和谐明朗的色彩氛围。红色在藏族文化中象征尊严，在大面积白色墙体的映衬下更加凸显，对人们形成精神和心灵的刺激。在拉萨火车站的设计中，考虑到传统的建筑材料已经不能够满足现代大型建筑的建造需求，建筑师综合考虑自然气候和施工条件，选择耐久性和耐候性较强的彩色混凝土作为建筑色彩表达的材料，大面积的白色与红色墙面形成强烈的色彩对比，使建筑远观效果极具视觉冲击力。红、白色的预制混凝土墙板与空间界面的穿插交替相结合，使色彩成为建筑空间表达的重要语汇。同时，建筑师对彩色混凝土表面质感进行处理，形成竖向条纹的人工打毛肌理，并根据混凝土色彩的不同进行纹理粗细的调整，形成建筑界面的层次感。以现代混凝土材料来表达传统的色彩文化，使建筑充满藏族风情又不失时代感。

（二）对传统建筑造型的诠释

经过数千年的发展与完善，中国传统建筑造型集形式、功能及技术于一体，逐步形成独特的建筑艺术体系。造型是中国传统建筑结构理性与人文感性的结合统一，受到中国传统哲学美学思想和建造技术的影响，显现出独特的本土性特征。中国传统建筑"三段式"构图比例均衡而和谐，通过一系列的处理手法表现出或雄伟或灵动，或崇高或飘逸的独特建筑韵味，为现代建筑的材料表达提供了重要的参考。但是，对传统建筑造型的诠释并不是一味地生搬硬套，更不是说只要有大屋顶、亭廊、院子等就是对中国传统建筑造型的诠释。现代材料对传统建筑造型的诠释主要是从最基本的建筑文化和传统生活方式出发，提取传统建筑造型的精华并以现代建筑语汇进行表达，主要是从整体造型和细部装饰两个方面进行的。

对传统建筑整体造型的诠释多以去繁从简的手法对传统建筑整体造型进行提炼和总结，并以现代的建筑材料和技术进行展现。掀起居住区新中式热潮的万科第五园吸收岭南园林、徽派建筑与晋派建筑等众多传统建筑的精华，与现代建筑特色相糅合，形成独特的本土建筑风格。万科第五园的创作并没有机械地模仿传统建筑的造型，而是摒弃传统江南建筑中高墙小窗及挑檐等与现代生活方式冲突的造型元素，用白色涂料平涂的混凝土墙体、深灰色的铝合金压顶和坡屋面营造出"粉墙黛瓦"的传统印象。为了突出墙体元素，万科第五园的建筑多采用双重墙体，以实墙开洞的手法对外层墙体进行造型处理，内层墙体则按照现代生活需求进行开窗、通风、遮阳的设计，虚实相合，透出淡淡的儒家韵味。

中国传统建筑在数千年的发展中产生了大量精美而又富含传统人文特色的建筑细部装饰。在传统建筑体系中，这些细部装饰往往兼具功能和美观的双重意义，并被视为传统建筑文化的符号。现代建筑师用现代材料对传统建筑细部装饰进行抽象和提炼，使本土建筑的传统性和现代性得到共同表达。从创作手法上来说，对建筑细部装饰的诠释一般采用移植和拓展的手法。移植即对传统细部装饰的直接引用，在万科第五园的创作中，设计师为了突出中式民居的传统氛围，移植了大量传统民居的细部装饰，如徽派建筑的马头墙、北京四合院的垂花门等。设计师对这些细部装饰进行重新组合和构筑，从而突破传统的限制，形成一种本土化的建筑环境。拓展则是以完全现代的手法在新的建筑材料上采用细部装饰，在很多高层建筑上，建筑师为了体现传统的韵味，借助现代印花玻璃的肌理特征再现传统建筑的窗棂装饰，既丰富了建筑肌理，又能在现代延续传统文脉。

（三）对传统建筑意境的诠释

意境是中国传统艺术的重要范畴之一，也是传统建筑美学所要研究的重要问题。从字面上就可以看出，意境是主观范畴的"意"与客观范畴的"境"

相互融合，追求客观美感与心灵感悟的结合，是形、神、情、理的统一。意境是以人为本衍生出的精神境界，依托于人的精神思想而存在。建筑意境因建筑被人感知而产生，是人与建筑在精神上的和谐统一。建筑的意境根植于建筑文化，不同的建筑文化氛围必然产生不同的意境，就像中国人喜欢赏月已经成为一种文化传统，而在西方没有这样的文化氛围，自然也不会出现"举杯邀明月，对影成三人"的审美意境。由此可以认为，在本土建筑设计中，现代材料对传统建筑意境的诠释关键在于如何让人们产生本土文化上的共鸣。

建筑大师贝聿铭先生的封山之作苏州博物馆新馆，就利用现代的钢铁、混凝土、玻璃等材料对传统江南建筑的文化意境进行诠释。苏州博物馆新馆位于苏州东北街，与太平天国忠王府和拙政园毗邻。特殊的地理位置再加上独特的古典园林文化内涵，使建筑师必须重视这个将现代建筑与古老姑苏完美结合的艺术珍品，贝聿铭先生以他对东方哲学艺术的认识和对现代建筑材料的了解交上了一份令人满意的答卷。苏州博物馆新馆整体运用轻型钢架和混凝土构筑建筑主体，以隐喻传统的木框架结构。整体建筑黑白灰的水墨画色彩与现代建筑材料本身的冷峻质感相映衬，加上建筑内部随处可见的晶莹剔透的玻璃天棚，形成幽闭而又通透的空间氛围，影射传统园林建筑中的儒道文化。值得称道的是贝聿铭先生在建筑细部上对传统建筑文化意境的营造，建筑屋顶并没有使用传统意义的瓦材，而是采用黑灰色的钢材框架结合玻璃、灰色花岗岩等多种材料进行构建，既体现出坡屋面美感，又弥补了传统屋顶在采光上的缺陷。大门是展示博物馆形象的重中之重，金属梁架结构搭配玻璃形成重檐两面坡的入口形象，既有传统韵味，又展示现代风格。综上可见，苏州博物馆新馆的意境美主要在于其整体含蓄、自然、内敛的传统建筑美学与现代美学的融合。

第三节　现代建筑中的材料表达策略

在全球化发展的背景下，现代建筑的发展并不是一味地回归传统，而是强调传统文化与现代文明的交融与互补。相应的材料表达策略同样不拘泥于传统与现代，而是立足于现代，关注材料呈现出来的状态和表达的文化底蕴。

一、 "因材施技" 的表达策略

（一）适宜的技术策略

在各种高新技术层出不穷的现代社会，科技的进步确实为建筑材料带来更多的新型技术，然而并不是所有材料都适用于新的技术，就像用模压、铸造等新机械技术加工出的材料未必比传统技术人工处理的材料更适用于本土建筑的表达，那些经典建筑往往是因为建筑师对现有技术的深刻理解和巧妙运用而令人叹服。建筑设计并不像一些科技产业那样必须以高水平的技术才能达到相应的设计需求，从这个角度来说，建筑材料表达中的高技术与低技术并不存在各自的优势。但是，当前社会功利与虚荣的风气使建筑设计很容易被"技术至上"的思想误导，盲目追求技术能力。我们要清楚地认识到，技术的本质仅仅是建筑材料表达的手段，而不是目的。面对纷乱繁多的材料技术，我们应当选择适宜的技术策略。

适宜的技术策略是现代技术和传统技术以地域和材料的适应性为基础相结合的产物，并不拘泥于技术水平的发达与否，而是根据当地建造技术水平、材料资源，以及环境、经济和文化等因素进行综合考虑，其目的在于探寻一条适宜本土并科学有效的技术路线。准确地说，适宜的技术策略就是一种本土技术资源的选择。使用或者创造符合地方技术特点和发展状况的建造技术不仅可以减少经济投入和资源消耗，保障施工技术的灵活可行，同时可以与区域文化联系在一起，使当地民众产生认同感。

正处于发展中的中国仍有一些地区经济技术落后，却具备深厚的传统文化底蕴、悠久的技术传承及良好的生态与资源优势。在本土建筑的创作中，针对不同的材料和地区，我们应该有意识地探索相对应的适宜技术。以材料适宜本土的表达方式为基准，综合经济水平和施工条件，选择适宜技术策略的主要原则包括以下几点。

（1）关注材料表达的本身需求，体现材料的本土意志。

（2）注重所选技术与地域生态环境、经济发展状况及人文特征的协调，避免脱离实际，导致目标与效益失衡。

（3）积极融合现代技术并对其进行本土化改造。

（4）关注并改善传统技术，保证地区传统技术精华传承的完整和延续。

（二）真实的材料表达

如现代建筑大师路易斯·康所说，现代建筑运动最鲜明的主张就是真实的表达。现代建筑美学在建筑材料表达上存在一个严谨的理性框架，强调对建筑材料进行真实理性的建构。这种建筑美学观念对中国现代建筑的材料表达策略深有影响。真实的表达并不是为了追求材料的本真而拒绝一切人为的因素，毕竟玻璃、混凝土等现代典型材料的质感、肌理、色彩都是可以在生产过程中加以控制的。真实的表达主要映衬出材料背后的技术审美，从而体现材料建构中的时代美学。综合来看，现代建筑中的材料真实性表达策略是指忠诚于材料本身的属性特征，包括力学性能、质感特性等，即在建筑结构构造中真实地表达材料自身的力学属性和建构逻辑，在材料物质性的表现中体现材料的天然特性。

在现代建筑实践中，材料的力学性能越来越受重视。从建构的角度出发，建筑结构的具体形式决定了建筑的一部分内在表现力，特别是在体育场、展览馆等大型建筑中，应充分发挥材料自身的力学性能和构造手段，以极为恰当的技术形态来表达结构美感。每个材料都有它独特的结构形式，表达属于材料自身的结构美感。材料的表达形式取决于建筑结构内在的力学逻辑，建筑师只有对材料力学逻辑有深刻的理解，才能以真实性的策略赋予材料独特的表达形式和艺术质感。

新的技术发展开拓了结构材料的选择范围，钢铁、混凝土、砖石、木材等材料都各有其独特的力学逻辑，各种典型材料的真实性建构特征见表3-1。

表 3-1　典型材料的真实性建构特征

材料	特征
钢材	在钢材的真实性建构表达中，突出钢材自身的结构逻辑
钢筋混凝土	在钢筋混凝土真实性建构中，突出钢筋混凝土的承重属性
木材	在木材的真实性建构中，突出木材自身的杆件力学原理
砖石	在砖石的真实性建构中，突出砖石砌筑的受力逻辑

在适宜技术的背景下，建筑材料对力学逻辑的表达主要遵循集约复合与高效逻辑的原则。集约复合原则是指在真实性表达的前提下，以材料的相互组合来实现力学属性的互补，共同优化建筑的整体效果，如在木构造中使用钢材节点以增加结构的稳定性。高效逻辑原则是指在建筑创作中以最少的材料资源最大限度地完成建筑预期效果，即优化结构形式以更好地发挥材料的力学属性，体现出更具美感的力学逻辑。材料真实物质性的表现即在建筑材料表达中，不使用任何附加的装饰，材料的质感、肌理与色彩完全由材料本身的相关属性及相应的加工技艺所决定。如果说建构性表达体现出材料理性的一面，那么物质性表现则体现材料人文感性的一面。建筑师必须在创作中充分表现出材料的形体、色彩、肌理等各方面的真实美。在建筑设计中，材料是文化的物质载体，而材料的物质性是连接生活现实与建筑艺术的媒介，人们通过材料物质性的表现感受建筑本身的性格特征。反过来说，建筑师需要根据建筑的风格来选择具备合适物质性的材料。就像在山野地区以不经加工的天然石材进行建构，与周围的环境相得益彰，但如果是城市中的银行、法院等行政办公楼项目，天然的石材显然不能表达建筑庄重严肃的气氛，而需要选择经过加工的光滑有纹理的石板进行构筑。

二、"因时而变"的表达策略

（一）建筑文脉的延续

"文脉"一词并不是中国传统建筑艺术中的语汇，属于舶来品，最早源于语言学，是指文章的脉络，即上下文之间的逻辑关系。在建筑学范畴，文脉主要是指建筑及其文化在时间上的动态关联。建筑文化的不断发展，总是在一定的文化背景、民族传统及人文风貌中进行的，是延续性和创造性的统一。人们不可能脱离原有的人文环境去凭空建造，也不能机械地重复传统的建筑模式。建筑本身就是在顺应历史的同时创造历史，并沿着一条不断延续并更新的文脉进行发展。

　　建筑文脉在时间上的延续是建筑文化历时性和共时性的辩证统一。历时性是指建筑文化的发展是一个历史的过程，存在一定的先后顺序，体现了建筑文化的发展脉络。共时性是指同一时代具有不同的建筑文化，古今中外的建筑文化作为共生的事物存在，相互兼容和协调。从这个角度来说，建筑文脉的延续具有双重的意义，纵向历史轴线的演替和横向时代轴线的并存说明，建筑既始终受到过去历史的影响，又必须高度地表达现在的时代。我们在本土建筑材料表达中不得不面对这样的问题：一是如何继承并超越传统的建筑文脉，二是如何与现代的建筑文脉进行对话。

　　传统文脉的延续并不拘泥于传统形制，而在于对建筑艺术和美学的传承。建筑师应该清醒地认识到历史的发展和时代的变迁对建筑文化及大众审美模式的影响，一味地模仿只会破坏城市及建筑的发展。就像中国城市发展中曾经出现数次对传统元素生搬硬套的"大屋顶行动"，造就了众多所谓"维护传统风貌"的建筑。而与之相反的是，张锦秋院士主持设计的大唐芙蓉园依托西安城市的文脉传承，综合利用传统材料与现代材料，在建筑的环境、尺度等方面体现传统建筑艺术和美学，兼具宫廷建筑的传统礼制文化和古典园林的诗情画意，使游人感受到盛唐时期的长安风貌。

　　建筑文脉是一个动态的概念，永远不会在一个历史的原点上停滞不前。俄国思想家车尔尼雪夫斯基认为，每个时代的美都是独特地为这个时代而存在的，新的时代必然会产生新的美学意识。就建筑文脉而言，这个问题实际上就是建筑创作需要在文化、技术及功能等方面响应时代的发展，使建筑获得属于当前时代的艺术和美学。从现代的巴黎城市建设我们可以看到，埃菲尔铁塔、乔治·蓬皮杜国家文化艺术中心等代表工业时代文化精神的"新建筑"为秩序和谐的巴黎城区注入一股新的生机与活力。尤其是贝聿铭先生设计的卢浮宫玻璃金字塔，以玻璃材质独特的透明性消解了自身形体的存在感，同时映衬出了卢浮宫灰褐色的石材肌理，使古老的皇宫在现代文明中达到完美。

（二）场所精神的契合

建筑的发展是人类社会发展的一个缩影，从聚落到城市，逐渐形成人类集体价值取向和文化需求的聚集体。城市是本土建筑创作的主要场所，以自然环境为基础，寄托人类的物质与精神文明，形成本土建筑发展的物质背景和文化背景。

本土建筑的创作并不是在城市中强势插入一座新的建筑物，而是把契合场所精神的态度融入现有的环境。根据场所精神的方向感、认同感和归属感的特点，本土建筑的创作可以从空间形态和历史记忆两个方面进行材料表达，以便对场所精神加以诠释。

从根源上来讲，场所概念是空间情感性的延伸，空间形态揭示了场所精神的存在逻辑。场所并不是单纯的均质化空间形态，而是行为性和情感性的建筑空间。由此可见，场所空间形态的重构对木土建筑的场所精神营造起着至关重要的作用。在北京菊儿胡同的改造中，吴良镛先生在维持原有街区肌理的基础上进行扩建改造，使新的建筑与原有的建筑共同维持胡同—院落的空间形态，以获得居民对新的胡同场所的认同。

场所精神不仅来自空间形态的文化内涵，而且与人的社会心理有很大程度的关联。建筑凝聚着人们对场所的历史记忆，显然这种记忆对人类的影响是潜移默化的，就像人们往往会因为时过境迁而忘记很多具体的事情，但当离家多年的游子踏上故乡的土地，看到曾经生活的街道和老屋，就会唤醒一些记忆中的片段，再现多年前的场所体验。因此，与人们历史记忆契合的建筑在观者看来就像从环境中自然生长出来的，自始至终都融于环境之中，使人们对其产生认同感和归属感。作为建筑空间的物质载体，材料的表达是重构空间形态的根本所在。在利用建筑材料对场所的历史记忆进行表达时，不仅可以使用当地的传统材料以增强人们对记忆的印象，也可以使用现代材料，融入原有的场所空间，形成对比和映衬，更能体现建筑的历史韵味。上海新天地是在原石库门基础上进行改造的商业性历史街区，在项目改造过程中，设计师在保护原有建筑的基础上，在局部使用现代材料，传统清水砖墙与现代玻璃幕墙相结合，尊重历史的同时又为街区注入了现代元素，建筑形象新颖又亲切。

三、"因地制宜"的表达策略

（一）利用地方材料

作为我国古代建造活动的选材原则之一，"就地取材"体现了建筑师对地方材料充分的了解和重视，在今天的建造活动中依然需要遵循。生产力的进步逐渐打破建筑材料的地域性限制，新的技术和材料极大地扩展了建筑师的创作途径和表现手法，而地方材料因为其所承载的地域文化因子，受到众多建筑师的青睐。从这个意义上来说，今天对地方材料的使用已经从过去单纯的客观需要演变为客观与人文情感的双重需求。

地方材料的使用包括两个方面，一个是当地建材，另一个则是地方的废弃材料。

地方建材包括传统的土木砖石，也包括混凝土等现代材料。受不同的地域环境的影响，每个地区盛产的建筑材料都有所差异，地方技术也各有不同，因此形成了不同的人居地域特色。即使是在交通技术发达的现代社会，人们也大多长期生活在一个固定的地域内。长时间的耳濡目染使人们对区域内建筑材料的认知已经超越了物质层面，人们的生活与这些材料的质感、肌理与色彩，甚至气息都息息相关。地方材料与人的活动共同组成了人们对地域的记忆和情感，是人们对场所产生归属感的主要物质载体。除了独特的地域文化属性，生产、运输及施工技术等方面的区域便捷性使地方材料具备极高的经济效益。在本土建筑创作中，使用地方材料不仅可以增强建筑与环境的协调，更能够降低建造工程的经济成本，以实现地方资源和劳动力的有效利用和可持续发展。

城市化的快速发展造成了城市建筑大范围的拆迁和改建，产生了大量的地方废弃材料，主要包括废旧砖瓦、建筑渣土、废弃混凝土及一些钢材、玻璃等。调查报告显示，2015年拆迁建筑面积达2亿平方米，产生的地方废弃材料多达4亿吨，其中以碎砖瓦和混凝土为主。在这样的情况下，建筑界对废弃材料的二次使用越来越重视。

地方废弃材料的二次利用，一方面实现了建筑材料的循环再生，降低了不可再生资源的消耗和生态环境的压力；另一方面与人类情感产生共鸣，实现了使用者精神和记忆的再生，为建筑本身的本土性表达奠定了物质基调。近年来，在本土建筑的实践创作中，地方废弃材料得到越来越多的运用，比较典型的是刘家琨的"再生砖"和王澍的"瓦爿墙"。再生砖以废弃材料作为砌块的骨料，参考土坯的做法，以秸秆等可再生材料作为纤维骨架，再加上一定配比的水泥混合制成，加工技术简单，多作为当地民居的墙体填充材料。瓦爿墙曾经盛行于浙江民间地区，以废弃的砖瓦等材料作为墙体主材，采用泥土石灰等为黏合材料经层层叠砌而成。王澍创新性地将瓦爿墙与混凝土相结合，在中国美术学院象山校区、宁波博物馆等项目中大量运用，使建筑呈现出一种与生俱来的传统意韵。

（二）适应地域气候

从人类出现伊始，就已经开始了对环境的适应。所谓"物竞天择，适者生存"的进化论观点，就是指地域气候环境对人类活动的影响。在原始社会，先民们"挖地成穴，构木筑巢"的时候，建筑就已经成为人类适应自然气候、抵御外界风雨的场所。

随着科技的发展，人们淡化了建筑适应自然气候的本质，更多地依赖机械创造出人工的气候环境，造成了人与自然环境的隔绝，并消耗了大量不可再生的资源能源，破坏了地域生态平衡。所以，在今天的建筑创作中，需要强调对地域气候的利用而非索取，并以相应形式回应不同的气候影响因素，从而获得建筑存在于特定地域的充分理由，使建筑的本土性得到表达。材料作为建筑存在的物质基础，在适应地域气候的表达中发挥着重要作用。

86

目前，很多关于建筑气候适应性的研究都认为，传统建筑在适应地域气候方面有着最佳的营造策略，甚至有学者从气候适应性的角度来诠释传统建筑的营造技术。传统建筑的材料表达往往被认为是为了适应地域气候的特定安排。尽管这些观点略显偏颇，但相对于现代建筑来说，传统建筑依据最基本的自然规律并采用适应气候环境的手法进行营造，更能实现建筑的本土化表现和资源的可持续利用。这样看来，在一些落后的地区使用当地传统的建筑材料和营造手法，既能满足建筑低造价、低能耗的需求，同时又能满足建筑自身"保温隔热"的气候需求。例如，黄土高原上的窑洞建筑，利用天然的夯土材料优势，保证室内温度始终保持在稳定舒适的程度，夏冬两季都无须任何降温或者采暖的手段。在北方的平原地区并无大量的优质夯土资源，则以"里生外熟"的混合墙体砌筑方式，以土坯作为内墙材料，提升建筑"保温隔热"的气候适应力。

借鉴传统建筑适应地域气候的营造方式，现代建筑多以被动式的理念进行设计，通过建筑材料、构造及空间模式三个方面来创造适宜的室内人居气候环境。从材料表达的角度来说，主要是依靠建筑的屋顶、外墙等围护结构，充分利用外部气候环境的特点，形成相对应的"保温隔热、通风遮阳"的结构体系，以减少人们对现代机械的依赖，降低能源消耗。比较典型的手法包括钢筋混凝土或者钢架结构的双层屋顶，利用植物进行缓冲的绿植屋顶，以及玻璃与百叶相结合的多层外墙围护体系。在青浦新城建设展示中心的设计中，建筑师刘家琨采用密集排列的竖向青石百叶来应对建筑南向立面的遮阳需求。青石百叶在遮挡阳光直射的同时还能够以其粗糙的材质表面对光线进行漫反射，形成柔和的室内光感效果。青石百叶的边缘经过手工打磨，以石材生动的天然质感来缓冲建筑本身线性造型带来的规则感。

（三）回应地域景观

建筑的创作并不是在一片白纸上随意勾勒，而是在一个特定的地域内通过材料、空间及形式的表现，自然地与周围环境相结合，生成特定的建筑形象。这样看来，以地域景观为主要代表的环境背景是本土建筑创作中必须考虑的重要影响因素之一。

地域景观包括人工景观和自然景观，是建筑创作的重要环境背景，与建筑共同构成了相对应的关系。其中，人工景观主要包括村落及城镇，是人类活动和影响的产物。从建筑的视角来看，人工景观由建筑空间与公共空间共同组成，是建筑文化的高度集合与延续。人工景观包含人类社会文化功能及形式的发展，是一个不断变迁的建筑创作背景，相对于自然景观而言，更具有时间方面的意义。自然景观主要是山石、植物、水体等景观要素的结合，由此呈现出高山、平原、丘陵、盆地等不同的地形地貌。从古至今，人类的建筑活动必然根植于土地，地形地貌是建筑形态产生的场地基础。就像中国传统园林营造追求"虽由人作，宛自天开"的意境，建筑与地形地貌相互适应，最终融为一体。

建筑回应地形地貌的材料表达一般从建筑形式入手，通过相应的材料构建出契合地貌特征的建筑形态。中国传统建筑在平原地区一般都以抬梁式作为结构形式，而在山野之中，抬梁式并不能形成满足地形变化的灵巧空间，所以传统山地建筑一般使用穿斗式作为建筑结构。到了黄土高原地区，窑洞建筑多使用拱形的结构来适应地形地貌。在流水别墅中，莱特以杏黄色的钢筋混凝土栏板创造出建筑的深远奇险，长方形的体块上下前后错落层叠，形成突出鲜明的建筑形象，以及如山体一般起伏嶙峋的层次感，使建筑整体与周围山石流水的环境有机地融合在一起。

在中国传统文化中，自然景观并不是单纯的空间实体，往往还涉及先民们对自然秩序的体验与解读，尤其是将日月星辰、山川草木都以人的思想进行神化，这种传统的自然信仰使人类赋予自然景观特殊的文化意蕴，同时成为人类文化与自然相联系的纽带，形成"天人合一"的传统哲学观念。这种传统的自然观念为本土建筑对地域景观的回应提供了更深层次的材料表达策略。本土建筑创作对传统自然观念的回应一般以适宜材料的质感、肌理及色彩来营造出相应的空间感受，体现与自然相融合的意境氛围。例如，崔恺在中国国际建筑艺术实践展中的作品竹下斋就是以透明的玻璃材质和盘根错节的竹根创造出与竹林环境相融合的建筑空间，使参观者体会到身心与自然的和谐。

第四章 现代建筑的建构语言模式

第一节 传统结构在建筑中的演变与传承

一、建筑结构的起源与发展

（一）我国建筑结构发展演变

1.秦朝以前的建筑活动

上古时期，尚无真正意义上的建筑设计，建筑仅作为遮风避雨的简易场所，穴居和巢居是当时普遍的居住形式。史料记载，"上古穴居而不野处""上古之世，人民少而禽兽众，人民不胜禽兽虫蛇。有圣人作，构木为巢以避群害"，反映了当时人类的居住状况。之后，建筑经历了从深穴居到半穴居的过程，并在农耕时期进入了营造地面建筑的阶段，构筑方式也完成了从以土为主向以木为主的过渡。

夏朝，人们逐渐开始在建造方式、规模制度等方面对居住场所进行摸索设计，夏朝是原始建筑向传统建筑转变的关键时期，夯筑技术已使用于建筑宫室台榭。河南偃师二里头遗址是迄今发现的我国最早的宫殿建筑群，该遗址表明夏朝大型建筑已开始采用"茅茨土阶"的构筑方式及"前堂后室"的空间布局。

商朝的夯筑技术日趋成熟，人们"采用先分层夯筑，后逐段上筑"的夯土板筑法建造城墙；同时创制了板瓦、筒瓦等建筑陶器，借助半瓦当改进屋顶的防水性能；出现了斗和拱，并形成简单的组合形式，以改善屋顶承受荷载的能力，推进建筑结构向着构架发展。

春秋战国时期的建筑规模则比以往更为宏大，台榭式高层建筑大量兴建。

正如春秋时期老子所说的"九层之台，始于累土"，这一时期夯筑若干座高数米至十多米的阶梯形夯土台，在上面建筑木构架殿堂屋宇，形成类似多层建筑的大型高台建筑群。

2. 秦汉时期的建筑结构

传统木构架建筑在秦朝时期更加成熟并有了重大的突破，主要体现在对大跨度梁架的设计上。例如，秦咸阳宫离宫一号宫殿主厅的斜梁水平跨度已达到 10 米，据此推测阿房宫前殿的主梁跨度一定不会小于 10 米。同时，用砖承重在秦朝时期已经出现，可用砖砌筑出质地坚硬的砖墙，砖的发明是中国建筑设计史上的重要成就之一。

汉代木构架建筑设计灵活，后世常见的柱上架梁、梁上立短柱、短柱上再架梁的抬梁式木结构，柱头承檩并穿枋联结柱子的穿斗式木结构，以及下部架空、上部为干阑式的木结构，直至今日，这些结构形式仍被广泛应用。斗拱被广泛使用且形式多样，当时的工匠为了保护土墙、木构架和房屋的基础，用向外挑出的斗拱承托屋檐，使屋檐伸出足够的长度。

汉代在砖石建筑和拱券结构方面亦有巨大进步。西汉时期出现了大量不同形状的砖，利用条砖与楔形砖砌拱建造墓室，发明了企口砖，以加强砖砌拱的整体性。除此之外，汉代还在岩石上开凿岩墓，或者利用石材砌筑梁板式墓或拱券式墓。

3. 魏晋南北朝时期的建筑设计

魏晋南北朝时期最突出的建筑类型是佛教建筑，"大起浮屠寺，上累金盘，下为重楼，又堂阁周回，可容三千许人。作黄金涂像，衣以锦彩"，是当时大兴佛教建筑的鲜明写照。早期佛教建筑布局仿照印度建筑风格，后来逐步中国化，其一般由地宫、塔基、塔身、塔顶和塔刹组成，仿照多层木构楼阁的做法，形成中国式木塔，这可以说是中国传统多层木结构的开始。

除此之外，砖石结构也有了长足的进步，出现了高达数十米的石塔和砖塔，各地的石窟相继开始建造。石窟可以分为三种：一是塔院型，以塔为窟的中心（窟中支撑窟顶的中心柱刻成佛塔形象），该类石窟的典型代表是大同的云冈石窟；二是佛殿型，以佛像为主要内容，相当于一般寺庙中的佛殿；三是僧殿型，供僧众打坐修行，窟中置佛像，周围凿小窟。

南北朝中后期，木构架建筑结构开始出现变化，渐由以土墙和夯土台为主要承重部分的土木混合结构向全木构架结构发展。

这一时期，建筑构件设计更为丰富，斗拱形式多样，主要出现了两种新的构造形式：一是将正侧边立柱向内，向明间（单体建筑正中的一间）方向倾斜，称为"侧脚"；二是将每边的立柱自明间柱到两端角柱逐间升高少许，称为"生起"。这两种新形式主要是为了使柱头内聚，柱脚外撇，最终形成下凹式曲面屋顶，有效防止建筑的倾侧扭转，提高建筑的稳定性。

4. 隋唐、五代十国时期的建筑设计

东汉至南北朝时期有了高层木建筑的建造技术，到了隋唐时期，木建筑解决了大面积、大体量的技术问题，并已定型。如大明宫麟德殿，面积约为5 000平方米，采用面阔11间、进深约为面阔一倍的柱网布置。

当时的木架结构，特别是斗拱部分，构件形式及用料都已开始规格化，说明用材制度已经出现，即将木架部分的用料规格化，一律以木料的某一断面尺寸为基数计算，这是木构件分工生产和统一装配的必然要求。从唐后期南禅寺正殿和佛光寺大殿就可以看出这种规格化的迹象。

南北朝中后期出现的侧脚、生起、翼角、凹曲屋面等结构构件的设计手法，也在隋唐建筑上逐渐规范化。挑檐和室内斗拱设计呈内凹或外凸的规格化，继以往的凹曲屋面和翼角起翘的屋顶形式后，又出现庑殿顶、歇山顶、悬山顶、攒尖顶等各种样式。

隋唐时期，虽然木结构楼阁式塔仍是塔的主要类型，在数量上占优势，但木塔易燃且不耐久的缺点推动了砖石建筑的进一步发展。目前，我国保存下来的隋唐时期塔式建筑均为砖石塔，唐朝的砖石塔有楼阁式、密檐式与单层塔。

砖石塔外形向仿木结构建筑方向发展。例如，西安兴教寺塔部分仿照木建筑的柱、简单的斗拱、檐部、门窗等，反映了对传统建筑式样的继承和砖石材料加工技术的渐趋成熟。

五代时期砖木混合结构的塔，都是在唐代砖石塔基础上进一步发展的仿楼阁式木塔。例如，建于广州的南汉千佛铁塔，反映了江南一带建筑技术水平的提高。

5. 宋、辽、西夏、金时期的建筑设计

北宋颁布了建筑预算定额《营造法式》，这是历史上首次以文字形式规定的木模数制度。其以"材"作为造屋尺度标准，将木架建筑的用料尺寸分为八等，按屋宇的大小、主次量屋用"材"。"材"一经选定，木构架部件的尺寸整套都按规定来，工料估算有了统一的标准，施工也方便。以后历朝的木架建筑都沿用相当于以"材"为模数的办法，直到清代。

宋代的砖石建筑水平达到了新的高度，塔已较少采用，绝大多数为砖石塔。河北定县开元寺塔（料敌塔）高达84米，是我国最高的砖石塔；福建泉州开元寺东西两座仿木石塔，高度均为40余米，是我国规模最大的石塔。宋代砖石塔的特点是平面多为八角形，少数用方形与六角形，可供登临远眺，塔身多为筒体结构，墙面及檐部多为仿木建筑形式或采用木构屋檐。

辽代建筑大量吸取唐代北方的传统做法，保留了唐代建筑的设计手法。其佛塔多数采用砖砌的密檐塔，楼阁式塔较少，不少密檐塔的柱、梁、斗拱、门窗、檐口等都用砖仿木构件。这一时期的砖仿木建筑设计水平已达到登峰造极的地步，北京天宁寺塔、山西灵丘觉山寺塔是这类佛塔的著名代表。

6. 元、明、清时期的建筑设计

元朝建筑大多沿用了唐、宋以来的传统设计形式，部分地方继承了辽金建筑的特点。其大量使用圆木、弯曲木料作为梁架构件，并简化局部建筑构件，在结构设计上大胆运用减柱法、移柱法，使元朝建筑呈现随意奔放的风格。但由于木料特性的限制，以及缺乏科学的计算方法，元朝建筑不得不额外采用木柱加固结构。例如，广胜下寺是元朝重要的佛教建筑，正殿柱列布置采用减柱法减去了6根柱子，有4梁架搁置在内额上，但因内额跨度大，不得不于内额下补加柱子作为支撑。明朝时期，砖已普遍用于民居砌墙。之前虽有砖塔、砖墓、水道砖拱等砖砌建筑，但木架建筑均以土墙为主，砖仅用于铺地、砌筑台基与墙基等处。随着砖的发展，全部用砖拱砌成的建筑物无梁殿应运而生，多用作防火建筑，如明中叶所建的南京灵谷寺无梁殿和苏州开元寺无梁殿。

明朝宫殿、庙宇建筑的墙用砖砌，屋顶出檐减小，挑檐檩直接置于梁头上，充分利用梁头向外挑出的作用来承托屋檐重量。这种新定型的木构架斗拱的结构作用减小，梁柱构架的整体性加强。

与明朝以前的建筑相比，清代建筑标准化、定型化的程度更高，表现在层叠数量增多、装饰效果加强、出檐减小、举架增高等方面。木材积蓄的日益减少，迫使人们采用更多其他的建筑材料进行建筑设计，砖石建筑的数量明显增加，住宅建筑普遍改用砖石作为围护材料，更多地使用砖石承重或砖木混合结构。清朝的木构架建筑结构得到了许多改进，如柱网规格化，元明以来惯用的侧脚、生起的做法及斗拱构造逐渐退化或使用减少。

清朝大型建筑的梁柱材料多采用拼合方式，以小木料攒成大木料，外周以铁箍加固，表面覆麻灰油饰以遮掩痕迹。这种拼合法不仅节约了巨型材料，还为分段设计建造多层楼阁创造了条件。同时，大型建筑的内檐构造基本摆脱了斗拱的束缚，直接采用连接梁柱，如全木榫卯连接结构，形成整体框架以提高建筑的刚度。按照这种梁、檩直接结合的方法，大批楼阁式建筑被设计出来，如颐和园的佛香阁、颐和园的重檐八角亭等。

7. 清末至民国时期的建筑设计

清末，城市建筑的变化主要表现在通商口岸，一些租界和外国人居留的地方形成新城区，出现了早期的外国领事馆、洋行、银行、商店、教堂、俱乐部和洋房住宅。它们大体上是一二层楼的砖木混合结构，如清政府对外贸易机构在广州设立的"十三夷馆"和长春园内建筑的一组西洋楼。

甲午战争后，民族资本主义初步发展，居住建筑、公共建筑、工业建筑的主要类型已大体齐备。水泥、玻璃、机制砖瓦等新建筑材料的生产能力有了明显发展，建筑工人队伍壮大了，施工技术和工程结构发展也有了较大提高，开始采用砖石钢骨混合结构和钢筋混凝土结构。这些都表明近代中国的新建筑体系已经形成，建筑类型大大丰富。例如，上海汇丰银行大楼和上海海关大楼便反映了当时的建筑规模和建筑水平。

8. 现代建筑设计探索

自20世纪中期以来，我国建筑设计进入现代化发展时期，在建筑的空间、造型、材料、装饰及营造方式等方面都不同于传统建筑形式。我国的现代建筑是在欧洲现代建筑设计运动的影响下，在我国特定社会背景及地区环境中产生的新型建筑设计形式，众多因素的综合作用使得这一时期我国现代建筑在形式及设计思想上均具有不同的类型。

另外，我国建筑结构形式也逐渐步入现代化。改革开放之前，砖木结构、砖混结构一直是我国房屋建筑的主体，砖瓦在房屋建筑和房屋造价中占据非常重要的地位和比重。改革开放以后，各种新的建筑设计体系应运而生，现代建筑出现了钢结构、剪力墙结构、框架剪力墙结构及筒体结构等形式，如今更是提倡节能环保型智能建筑。

（二）国外建筑结构发展演变

1. 古埃及、两河流域及古代波斯帝国的建筑活动

古埃及位于非洲的东北部，树木稀少，盛产石料。早期的建筑材料以土坯和芦苇为主，之后常用石料。为了隔热，墙和屋顶做得很厚，窗洞小而少。古王国时期的代表性建筑就是陵墓，一般都采用砖石混合结构，法老陵墓等重要建筑多采用石头建造。当时的埃及已经开始采取就地取材、制形状、现场加工、统一部署的施工方式，将几百万块巨石堆积得严丝合缝。到了中王国时期，在山岩上开凿石窟陵墓的建筑形式开始盛行，多采用梁柱结构构成比较宽敞的内部空间。新王国时期已不再建造巍然屹立的金字塔陵墓，而是将荒山作为天然金字塔，沿着山坡的侧面开凿地道，修建豪华的地下陵寝。

古西亚的建筑成就在于创造了以土作为基本原料的结构体系和装饰方法。两河流域无石缺木，因此建筑材料以黏土为主。古西亚人以模具制作统一规格的泥砖，晒干或烤干的泥砖广泛用于建造房屋、山岳台、城墙或铺设地面。西亚地区丰富的石油资源也被人们利用，他们将沥青与泥砖相结合来建造房屋，使房屋结构更坚固，还把沥青铺设在路上或屋顶上用来防水。从

远方运来的石材主要作为建筑基础或浮雕面板，木材则作为支撑柱、屋顶梁架、门框和窗框等。古西亚人发明了拱券技术，巴比伦城反映了拱券技术的广泛应用。

2. 欧洲原始时期的建筑活动

欧洲新石器时代的阿尔卑斯山以北地区普遍建造了一种以巨型石块垒砌构筑而成的建筑群，这种建筑艺术被称为巨石文化，是欧洲史前时代创造的建筑文化类型之一。巨石建筑大体上分为石圈、石柱、巨石坟和巨石神庙四种类型。

石圈以大块石头围成，以英国南部的斯通亨奇环状列石最为著名。石柱为直立的巨大石块，最高达 20 米，重 300 吨，有的几块聚立在一起，有的若干块排成行列。巨石坟墓通常是一个家族的坟墓，建在地上或埋在大土丘下，建筑结构多为水平砌筑，墓顶采用梁柱形式，墓壁和部分石柱上凿刻有各种几何图案。巨石神庙则是用石块构筑的比较完整的建筑物，里面供奉神像。如果说土砖是两河流域建筑的特征，那么石头就代表了史前时代的欧洲建筑。不难发现，欧洲最初的建筑设计手法就是在两块立石上架一块横石的三石塔结构，将石头围合成圈，而这种建筑结构在中国极少使用。

3. 欧洲古典时期的建筑设计

爱琴文明建造了世界上最早的露天剧场，这一时期的建筑依山而建，空间层次高低错落，通常屋顶为平的瓦片，地面采用灰泥、木质或大石板，墙体为石块和碎砾石矮墙，开始在天花板上设计横木以支撑屋顶，并使用泥砖把建筑堆砌至两三层楼高。

古希腊建筑中最漂亮的就是神殿，早期神殿是贵族居住的长方形、有门廊的建筑，后来加入柱式结构，逐步演变为由四根圆柱组成的前门廊形式，再后来又发展成前后门廊形式。公元前 6 世纪，神殿进一步发展，成为中央设厅堂、大殿，四周均采用柱廊环绕的环柱式造型结构，如世界著名的古希腊帕特农神庙。

古希腊建筑除了屋架全部使用石材设计建筑。通过长期推敲改进，希腊人定型了多立克式、爱奥尼克式和科林斯式三种主要柱式。

古罗马人沿袭了亚平宁半岛的建筑技术（主要是拱券技术），除了使用砖、木、石，还开始使用强度高、施工方便、价格便宜的火山灰混凝土，以满足建筑拱券的需求，并发明了相应的支模、混凝土浇灌及大理石饰面技术。古罗马建筑为满足各种复杂的功能要求，设计了穹隆顶、筒拱、交叉拱和帆拱等一整套复杂的结构体系，如著名的万神庙，其穹隆顶直径达到了 43.3 米。

公元 1 世纪中期出现的十字拱，将拱顶的重量集中到四角的柱墩上，无须连续承重墙即可使空间变得更为开阔、宽敞，将多个十字拱与筒形拱、穹隆顶相组合，可创造出更为复杂的内部空间形式。

4. 欧洲中世纪的建筑设计

欧洲中世纪时期，拜占庭建筑为砖石结构，局部加混凝土。从建筑元素来看，拜占庭建筑包含了古西亚建筑的砖石券顶、古希腊建筑的古典柱式和古罗马建筑规模宏大的尺度，以及巴西利卡的建筑形式，发展了古罗马建筑的穹顶结构和集中式形式，设计出了由四个或更多独立柱支撑的穹顶、帆拱、鼓座相结合的结构形式和穹顶统率下的集中式建筑形制。采用砖石结构的有位于伊斯坦布尔的圣索菲亚大教堂及其内部的穹顶、帆拱。罗马式建筑修筑成极其厚实的城堡样式，趋向于将结构与形式密切结合，使用承重的墩子或扶壁与间隔轻薄的墙体，创造了肋料拱顶。始建于 1063 年的比萨大教堂，是意大利罗马式教堂建筑的代表，整个建筑群坐落在一个由砖墙围成的院内，纵向四排有 68 根科林斯式圆柱，在纵横厅交叉处覆盖椭圆形拱顶，中堂用轻巧的列柱支撑木架结构屋顶，其是比萨城的标志性建筑。

哥特式教堂建筑的平面仍为罗马式的拉丁十字形平面，但其西端门的两侧增加了一系列高塔，尖塔高耸，拱门呈尖形。哥特式建筑在设计中利用尖肋拱顶、飞扶壁及修长的束柱，同时采用新的框架结构增加支撑顶部的力量，如意大利米兰大教堂及其内部尖肋拱顶。

5. 欧洲资本主义萌芽和绝对君权时期的建筑设计

文艺复兴时期建筑风格起源于意大利佛罗伦萨，其提倡复兴古罗马的建筑风格，采用梁柱系统与拱券结构混合的技术，大型建筑外墙采用石材，内部使用砖，或者下层用石材，上层用砖砌筑。在方形平面上设计鼓形基座和圆顶，穹隆顶采用内外壳和肋骨。比萨大教堂和米兰大教堂展现了这个时期建筑结构设计的水平。

意大利文艺复兴晚期，著名建筑师和建筑理论家贾科莫·维尼奥拉设计的罗马耶稣会教堂是由古典风格向巴洛克式风格过渡的代表，可以称为第一座巴洛克式建筑。巴洛克式建筑的设计特点是外形自由，追求动态，喜好富丽华贵的装饰和烦琐堆砌的雕刻及强烈的色彩效果，常用穿插的曲面和椭圆形空间。巴洛克式建筑风格在西欧各国，甚至拉丁美洲的殖民地国家广泛传播。

6.欧美资产阶级革命时期的建筑设计

资本主义初期，新建筑材料、新结构技术、新设备、新施工方法不断出现，为近代建筑的发展开辟了广阔的前景。建筑的高度与跨度突破了传统的局限，平面与空间的设计也比过去自由得多。

这一时期，钢铁开始作为建筑结构的主要材料得到大量使用。钢铁最初应用于屋顶上，如巴黎法兰西剧院的铁结构屋顶。后来，这种铁构件开始在民用建筑上逐步使用，英国布莱顿的印度式皇家别墅便采用了重约 50 吨的铁制大穹隆，并以四周的铁柱作为支撑。到了 19 世纪，为了满足采光的需要，铁和玻璃两种建筑材料开始配合使用。巴黎老王宫的奥尔良廊最先应用将铁构件与玻璃结合而建成的透光顶棚，使其和周围沉重的柱式结构与拱廊形成强烈的对比。巴黎植物园的温室是第一个完全以铁架和玻璃构成的巨大建筑物，这种构造方式对后来的建筑有很大启示。19 世纪中期，铁和玻璃两种建筑材料配合应用在建筑设计中取得了巨大成果，最著名的是于 1851 年建成的伦敦水晶宫。

框架结构最初在美国得到发展，其主要特点是以生铁框架代替承重墙，外墙不再担负承重的使命，从而使外墙立面得到解放。1858 年至 1868 年建造的巴黎圣日内维夫图书馆，是初期生铁框架形式的代表。美国 1850 年至 1880 年"生铁时代"建造的大量商店、仓库和政府大厦多应用生铁构件的门面或框架，如在圣路易斯市的河岸上就聚集有 500 座以上这种生铁结构的建筑，在立面上以生铁梁柱的纤细代替了古典建筑的沉重稳定，但还未完全摆脱古典形式的羁绊。在新结构技术的条件下，建筑在层数和高度上都实现了巨大的突破。为了迎接 1889 年的世界博览会，埃菲尔铁塔在 27 个月中建成，塔高 324 米，内部设有 4 部水力升降机，其巨型结构与新型设备显示了钢结构技术的发展与成熟。

7. 欧美现代建筑设计探索

第二次世界大战后，国外建筑领域取得了一系列新的成就。在建筑类型方面，高层建筑与大跨度建筑尤为突出，它们体现了现代建筑的特征。19 世纪中叶以前，欧美城市建筑的层数一般都在 6 层以内。随着电梯系统的发明与新材料、新技术的应用，19 世纪末，美国高层建筑已达到 29 层，高 118 米。1931 年，在纽约建成的帝国大厦高 381 米，在 20 世纪 70 年代前一直保持着世界最高建筑的纪录。在高层建筑的造型方面，20 世纪上半叶多采用塔式。在巴西里约热内卢建成的巴西教育卫生部大厦，开创了板式高层建筑的先河。于是，高层建筑逐渐出现了塔式和板式两种重要的类型。1952 年在纽约建造的利华大厦高 24 层，开创了全部玻璃幕墙板式高层建筑的新手法，成为当时风行一时的建筑样板。

高层建筑的结构体系在近些年来有了很大的发展，主要表现为在解决抗风与减轻地震作用方面获得了显著的成就。高层建筑就像屹立在地面上的悬臂结构，高度越大，悬臂越多，在水平风力作用下建筑物底部产生的弯矩及为了克服它所需的高度消耗也就越大，这就对房屋的刚度提出了更高的要求。国外为了解决这个问题，曾进行了长期的探索、研究，并抓住了水平荷载这个关键，找到了能有效抵抗侧力的新结构体系。

大跨度建筑在 19 世纪末也有了很大创新。1889 年巴黎世博会机械馆就是一个实例，它采用了三铰拱的钢结构，使跨度达到了 115 米。20 世纪初，随着金属材料的进步与钢筋混凝土的广泛应用，大跨度建筑有了新的发展。在波兰布雷斯劳建成的百年厅采用了钢筋混凝土肋料穹隆顶结构，直径达 65 米，面积为 5300 平方米。

大跨度建筑还在试用各种新结构屋顶的过程中探索出了不少经验。1950 年建造的意大利都灵展览馆开始采用波形装配式薄壳屋顶，世界上最大的壳体结构是在巴黎西郊建成的法国国家工业与技术中心陈列大厅，这种利用钢筋混凝土薄壳结构来覆盖大空间的做法越来越多。20 世纪 50 年代以后，由于钢材强度不断提高，国外已开始使用高强钢丝悬索结构来建造大跨度空间。其主要结构构件均承受拉力，以致其外形常常与传统建筑迥异。同时，其在强风引力下容易丧失稳定，因此应用时技术要求很高。华盛顿杜勒斯国际机场是这类建筑的著名实例之一。张力结构是在悬索结构基础上进一步发展形成的，1967 年建成的蒙特利尔世博会西德馆便采用钢索网状的张力结构，这种张力结构后来还发展成帆布帐篷的张力体系如慕尼黑奥林匹克体育场。

　　大跨度建筑的结构形式除了以上介绍的薄壳体系、悬索结构和张力结构，还有网架结构、悬挂结构、充气结构等。这些新结构形式的出现与推广，象征着科学技术的进步，更展现了建筑结构形式的不断发展。

　　8.伊斯兰教建筑和日本建筑概述

　　阿拉伯民族创造了辉煌的文明，优越的地理位置及便利的航海条件促使阿拉伯民族的文化成果广泛地传播到欧洲、非洲和亚洲的许多国家和地区。伊斯兰教的能工巧匠成为沟通东西方建筑文化的使者，为建筑艺术乃至世界文明的发展做出了巨大贡献。

　　伊斯兰教认为建筑是一切美术品中最持久的，而宗教建筑是美术的最高成就。伊斯兰教建筑涵盖了自伊斯兰教建立至今的各种非宗教的和宗教的建筑设计形式，其基本建筑类型包括清真寺、墓穴、宫殿和要塞。

　　圆顶在伊斯兰教建筑中扮演着极为重要的角色。19 世纪，伊斯兰教建筑的圆顶形式融入西方建筑的设计元素，使伊斯兰教建筑的影响时间长达几个世纪，其影响范围遍布全世界。独具特色的建筑布局形式、丰富多彩的室内外装饰艺术促使伊斯兰教建筑成为世界建筑设计史上永不凋谢的奇葩。

　　日本建筑历史悠久，早期的日本建筑深受中国建筑的影响，并在此基础上逐渐发展成独具特色的设计风格。后来，出现了城郭和书院两种新的建筑形式。城郭是一种防御性建筑，书院则兼具接待大厅和私人读书空间的功能。此外，茶道的出现使得日本"茶室"建筑也涌现出来。

经济实力与科学技术的飞速发展使日本建筑产生了十分显著的变化，自明治维新时期引入西方建筑设计手法、材料和技术以来，新建的钢铁水泥建筑与传统风格之间存在极大的差别，第二次世界大战后的重建需求成为促进日本现代建筑发展的关键因素。

为了预防地震或更有效地抵抗轰炸，这一时期的日本建筑不再专注于传统的木结构形式，而是以钢筋混凝土作为主要建筑材料。日本现代建筑在经历全盘西化、传统和风样式等多种风格后，通过对本民族深层文化的不断探究，从建筑与环境、空间意象和材料性能等方面逐步探索出了传统和现代的契合点，创造出了许多建筑设计史上划时代的作品，日本建筑也因此成为现代世界建筑的重要组成部分。

二、结构形式的演变

（一）结构形式的产生

建造房子的目的和使用要求在建筑中称为功能。自古以来，建筑的式样和类型各不相同，尽管造成这种情况的原因是多方面的，但一个不可否认的事实是：功能在其中起着相当重要的作用。

原始人类为了避风雨、御寒暑和防止其他自然现象或野兽的侵袭，需要有一个赖以栖身的场所 —— 空间。近代建筑界常援引老子的一段话："埏埴以为器，当其无，有器之用。凿户牖以为室，当其无，有室之用。"其用意就在于强调，建筑具有使用价值的不是围成空间实体的壳，而是空间本身。空间主要服务于两重目的：其一，是为了满足一定的功能使用要求，这是最根本的；其二，还要满足一定的审美要求，就前一种要求而言，就是要符合功能的规定性。

要围成一定的空间，就必然按照一定的工程结构方法把各种物质材料凑拢起来。为了经济有效地达到目的，还必须充分发挥出材料的力学性能，巧妙地把这些材料组合在一起，并使之具有合理的荷载传递方式，使整体和各个部分都具备一定的刚性并符合静力平衡条件。我们可以把符合功能要求的空间称为适用空间，把符合审美要求的空间称为视觉或意境空间，把按照材料性能和力学的规律性围合起来的空间称为结构空间。由于这三种空间形成的目的不同，各自受到制约的条件不同，各自遵循的法则不同，它们本是各不相同的，但在建筑中应统筹考虑这三者。

　　具体地讲，所围隔的空间必须具有确定的量（大小、容量）、确定的形（形状）和确定的质（能避风雨、御寒暑，具有适当的采光通风条件）。而就后一种要求而言，则是要使这种围隔符合美的法则，即具有统一和谐而又富有变化的形式或艺术表现力。围隔空间是为达到上述双重目的所采用的手段。

　　在古代，功能、审美、结构三者之间的矛盾并不突出。当时的建筑师既是艺术家又是工程师，他们在创作的最初阶段几乎就同时考虑这三方面的问题，反映在作品中，三者的关系完全熔铸在一起。到了近代，情况就不同了。由于科学技术的进步和发展，工程结构已经成为一门独立的科学体系，并从建筑学中分离出来，成为相对独立的专业。现代的建筑师必须和结构工程师配合才能最终确定设计方案，于是正确处理好上述三者的关系就显得更为重要。工程结构作为一种手段，虽然同时服务于功能和审美这双重目的，但是就互相之间的制约关系而言，它和功能的关系显然要紧密得多。而能否获得某种形式的空间，主要取决于工程结构和技术条件的发展水平。例如，某球类练习馆建筑，其主要功能为球类练习，次要功能为组织观摩学习，辅助功能为给运动员提供盥洗、淋浴条件。为了满足以上各种功能的要求，首先必须选择合理的结构形式，以及形成合适的空间形式。此外，还要求设置窗口以接纳空气、阳光，并设置空调、给排水、电气照明等系统。

　　正是功能的要求和推动促进了工程结构的发展，整个建筑历史的发展过程也印证了这一点。任何一种结构形式都不是凭空出现的，都是为了适应一定的功能要求而被人们创造出来的，只有当它所围合的空间形式能够适应某种特定的功能要求，它才有存在的价值。功能要求是多种多样的，不同的功能需要采用相应的结构方法来提供与其相适应的空间形式。例如，古代技术条件的限制不可能获得较大的室内空间，因而就限制了人们在室内活动的可能性。为了克服这一矛盾，人们力求用各种方法扩大空间，正是在这种功能要求的推动下，才相继创造出拱形结构、穹隆结构，并用它们来代替梁柱式结构，从而有效地扩大室内空间，使数以千计的人可以聚集在一起进行各种宗教祭祀活动。近代建筑的发展也令人信服地表明了功能对工程结构的推动作用。在扩大空间方面，对近代建筑功能的要求不仅更高，而且更广泛。正是在各种要求的推动下，建筑才出现了比古代拱券、穹隆更为有效的大跨度或超大跨度结构形式，如壳体、悬索和网架等新型空间薄壁结构体系。

扩大空间只是功能对工程结构提出的要求之一，除此之外，还有其他方面的要求。例如，近代功能的发展，要求空间形式日益复杂和灵活多样，这是古老的砖石结构所不能适应的。为了突破砖石结构对空间分隔的局限和约束，许多类型的建筑必须抛弃古老落后的砖石结构，而代之以钢筋混凝土框架结构体系，从而适应自由灵活地分隔空间的新要求。提高层数也是近代建筑功能对结构提出的新要求，这也是古老的砖石结构难以胜任的，这一矛盾也促进了框架结构的发展。建筑结构的发展也有其相对的独立性：一方面，取决于材料的发展；另一方面，则取决于结构理论和施工技术的进步，这些因素往往和功能没有多少直接的联系。结构也并非完全消极被动的因素。当功能要求受结构的局限而无法形成所需要的某种形式的空间时，结构就成为束缚和阻碍建筑发展的因素。然而，一旦出现了一种新的结构形式和体系，使功能的要求得以满足，这种新的结构形式和体系就会反过来推动建筑向前发展，这就表现为结构对建筑发展的反作用。

历史上每出现一种新结构，空间形式的发展便开辟了新的可能性，不仅能满足功能发展的新要求，使建筑的面貌为之一新，而且能促使功能朝着更新、更复杂的方向发展。除了结构，其他工程技术对建筑的发展也会产生很大的影响，但与结构、材料相比，处于次要的地位。

（二）梁板结构体系

梁板结构体系以墙和柱承重，是一种既古老又年轻的结构体系，早在公元前 200 多年的埃及建筑就已经广泛采用了这种结构体系，直到今天人们还在利用它来建造建筑。这种结构体系主要由两类基本构件共同组合而形成空间：一类构件是墙柱；另一类构件是梁板。前者形成空间的垂直面，后者形成空间的水平面。墙柱所承受的是垂直的压力，梁板所承受的是弯曲力。

这种结构体系的最大特点是，墙体本身既要起到围隔空间的作用，同时又要承担屋面的荷重，把围护结构和承重结构这两重任务合并在一起。凡是利用墙、柱来承担梁、板荷重的结构形式都可以归纳在这种结构体系的范围之内。例如，古埃及、古西亚建筑所采用的石梁板、石墙柱结构，古希腊建筑所采用的木梁、石墙柱结构，近代各种形式的混合结构、大型板材结构、箱形结构等。

古埃及、古西亚建筑所采用的结构，是一种最原始的石梁柱（墙）结构。天然石料不仅自重大，而且不可能跨越较大的空间，因而用石梁板作为屋顶结构，并用墙作为它的支承，用石柱来支托屋顶结构，这种方法虽然扩大了室内空间，但是由于石梁板的跨度有限，加之石柱本身十分粗大，终究只能形成一条狭长的空间，使得柱子林立，内部空间局促。

古希腊神庙的屋顶结构，用木梁代替石梁，因为木材自重较轻且又适合承受弯曲力，可以跨越更大的空间，从而使正殿部分的空间有所扩大。

近代钢筋混凝土梁板，是由两种材料组合在一起而共同工作的，较充分地发挥了混凝土的抗压能力和钢筋的抗拉能力，是一种比较理想的抗弯构件。和天然的石料、木材不同，钢筋混凝土梁板可以不受长度的限制而做成多跨连续形式的整体构件。相同荷载作用下，多跨连续形式的钢筋混凝土梁板比起木梁弯矩分布更为均匀，从而能够更有效地发挥材料的潜力。尽管多跨连续的钢筋混凝土梁板具有较强的整体性和较好的经济效果，但是这种梁板需要在现场浇制，不仅需要大量的模板，而且施工速度慢，因此又出现了预制钢筋混凝土构件。

有些建筑的功能要求有较大的室内空间，为此就需要用梁柱体系来代替内隔墙而承受楼板所传递的荷重，从而形成外墙内柱承重的结构形式。以墙或柱承重的梁板结构形式虽然历史悠久，但终究因为不能自由灵活地分隔空间而具有明显的局限性。这些都极大地限制了组合的灵活性，致使某些功能要求比较复杂的建筑不能采用这种结构形式。

近年来又出现了大型板材结构和箱形结构。这两种结构的优越性首先表现在生产的工厂化上；其次，由于可以采用机械化的施工方法，还可以大大加快施工速度。尽管这两种结构形式具有一定的优点，但其把承重结构和围护结构合二为一，特别是构件尺度加大，空间的组合极不灵活，也不可能获得较大的室内空间，所以这两种结构形式的应用范围也有局限，一般适用于功能要求比较确定、房间组成比较简单的住宅。

（三）框架结构体系

框架结构也是一种古老的结构形式，它的历史可以追溯到原始社会。当原始人类由穴居转入地面居住时，原始人类就逐渐学会了用树干、树枝、兽皮等材料搭成类似于后来北美印第安人的帐篷，这实际上就是一种原始形式的框架结构。框架结构的最大特点是把承重的骨架和用来围护或分隔空间的帘幕式的墙面明确地分开，这可能是因为人们在长期的实践中逐渐认识到材料所具有的力学性能。比如，典型的印第安人式帐篷的骨架就是由许多根树干或树枝做成的，树干的下端插入地下，上端集束在一起，四周覆以兽皮、树皮或人工编织的席子，这样就形成一个圆锥形的空间。欧洲逐渐发展起来的半木结构是一种表明的木框架结构，这种结构使立柱、横梁、屋顶、斜撑等不同的构件明确地区分开来，各自担负不同的功能，同时又互相连接成为一个整体。我国古代建筑所运用的木构架也是一种框架结构，梁架承担着屋顶的全部荷重，墙仅起围护空间的作用，因而可以做到"墙倒屋不塌"。

除了木材，砖石材料也可以砌筑成框架结构。哥特式教堂所采用的尖拱拱肋结构便把拱面上的荷重分别集中在若干根拱肋上，再通过这些交叉的拱肋把重力汇集于拱的矩形平面的四角，最终通过柱子把重力传递给基础。

近代出现的钢筋混凝土材料，其强度高、防火性能好，既能抗压，又能抗拉，且可以整体浇筑，所有构件之间都可以按刚性结合来考虑，这种材料可以说是一种理想的框架结构材料。钢筋混凝土框架结构的荷重由板传递给梁，再由梁传递给柱，重力传递分别集中在若干个点上，框架结构本身并不形成任何空间，而只为形成空间提供一个骨架，这样就可以根据建筑物的功能或美观要求自由灵活地分隔空间。

（四）大跨度结构体系

古希腊宏大的露天剧场遗迹表明，人类大约在两千多年以前，就有扩大室内空间的要求。从建筑历史发展的观点来看，一切拱形结构包括各种形式的券、筒形拱、交叉拱、穹隆的变化和发展，都可以说是人类为了谋求更大室内空间的产物。

从梁到三角券可以说是拱形结构漫长发展过程的开始，尽管这种券还保留着很多梁的特征，但是它的拱形结构迈出了第一步。拱形结构在承受荷重后除产生重力外还要产生横向的推力，为保持稳定，这种结构必须有坚实、宽厚的支座。穹隆结构也是一种古老的大跨度结构形式，早在公元前 14 世纪建造的阿托雷斯宝库所运用的就是一个直径为 14.5 米的叠涩穹隆。早期半球形穹隆结构的重力是沿球面四周向下传递的。

在大跨度结构中，结构的支承点愈分散，对平面布局和空间组合的约束性就愈强。反之，结构的支承点愈集中，其灵活性就愈大。从罗马时代的筒形拱演变成高直式的尖拱拱肋结构，半球形的穹隆结构发展成带有帆拱的穹隆结构，都表明支承点的相对集中可以给空间组合带来极大的灵活性。

桁架也是一种大跨度结构，桁架结构的最大特点是把整体受弯转化为局部构件的受压或受拉，从而有效发挥材料的潜力并增大结构的跨度。桁架结构虽然可以跨越较大的空间，但是因为它本身具有一定的高度，而且上弦一般呈两坡或曲线的形式，所以只适合于当作屋顶结构。

在平面力系结构中，除了桁架，刚架也是近代建筑常用的大跨度结构。刚架结构根据弯矩的分布情况而有与之相应的外形，弯矩大的部位截面大，弯矩小的部位截面小，这样就充分发挥了材料的潜力，因此刚架可以跨越较大的空间。

第二次世界大战以后，国外一些建筑师、工程师从某些自然形态的东西，如鸟类的卵、贝壳、果实等物体中受到启发，进一步探索新的空间。薄壁结构不仅推动了结构理论的研究，而且促进了材料朝着轻质高强的方向发展，致使结构的跨度愈来愈大，厚度愈来愈薄，自重愈来愈轻，材料的消耗愈来愈少。

用轻质高强材料做成的结构，若按强度计算，其剖面尺寸可以大大减小，但是这种结构在荷载的作用下，容易因变形而失去稳定，最后导致损坏。壳体结构具有合理的外形，不仅内部应力分配合理、均匀，而且可以保持极好的稳定性，所以壳体结构尽管厚度极小，但可以覆盖很大的空间。

悬索结构也是在第二次世界大战以后逐渐发展起来的一种新型大跨度结构。由于钢的强度很高，很小的截面就能够承受很大的拉力，悬索在均布荷载作用下必然下垂而呈悬链曲线的形式，索的两端不仅会产生垂直向下的压力，而且会产生向内的水平拉力。为了支承悬索并保持平衡，必须在索的两端设置立柱和大跨度结构斜向拉索，以分别承受悬索给予的垂直压力和水平拉力。单向悬索的稳定性很差，特别是在风力的作用下，容易产生振动和失稳。

网架结构也是一种新型大跨度空间结构，它具有刚性大、变形小、应力分布较均匀、能大幅度地减轻结构自重和节省材料等优点。网架结构可以用钢、木和钢筋混凝土来制作，具有多种多样的形式，使用较灵活，便于建筑处理。组成网架结构最基本的单位均为四角锥或三角锥，锥体由若干钢管组成。

悬挑结构的历史比较短暂，这是因为在钢和钢筋混凝土等具有强大抗弯性能材料出现之前，用其他材料不可能做出出挑深远的悬挑结构。一般的屋顶结构，两侧需设置支承，悬挑结构只要求沿结构一侧设置立柱或支承，并通过它向外延伸出挑，用这种结构来覆盖空间，可以使空间的周边形成没有遮挡的开放空间。由于悬挑结构的这一特点，体育场建筑看台上部的遮篷，火车站、航空港建筑中的雨篷，影院、剧院建筑中的挑台，大多采用这种结构形式。另外，某些建筑为了使内部空间保持最大限度开敞，通道与外墙不设立柱，也多借助悬挑结构来实现其意图。近现代的悬挑结构就是为了满足这样一些功能要求和设计意图而逐步发展起来的。

除了以上四种基本结构体系，还有一些比较新的结构类型，如剪力墙结构、井筒结构、帐篷式结构和充气膜结构等。

　　剪力墙结构把承重结构和分隔空间的结构合二为一，因而内部空间处理受到结构要求的限制而失去灵活性。帐篷式结构主要由撑杆、拉索、薄膜面层三部分组成，但这种结构的主要问题在于以何种方法把薄膜绷紧而使之可以抵抗风荷载。它比较适合作为某些半永久性建筑的屋顶结构或某些永久性建筑的遮篷。用塑料、涂层织物等制成气囊，充以空气后，利用气囊内外的压差承受外力并形成一种结构，这就是充气膜结构。气承式充气膜结构为低压充气体系，薄膜基本均匀受拉，材料的力学性能可以得到充分的发挥，加之气囊本身很轻，因而可以用来覆盖大面积的空间。

　　以上各种类型结构，尽管各有特点，但都遵循两个基本原则：一是它本身必须符合力学的规律；二是它必须能够形成或覆盖某种形式的空间。没有前一点就失去了科学性，而没有后一点就失去了使用价值。结构的科学性和它的实用性有时会出现矛盾，但不能损害功能要求而勉强地将结构塞进某种空间形式中，也不能损害结构的科学性，而勉强拼凑出一种空间形式来适应功能要求。如果能够把结构的科学性和实用性统一起来，它就必然具有强大的生命力，那么剩下的则是形式处理问题。古今中外，凡是优秀的建筑作品，都既符合结构的力学规律性，又能适应功能要求，同时还能体现出形式美的一般法则。只有把这三个方面有机结合起来，才能通过美的外形来反映事物内在的和谐统一性，在美学（黑格尔曾称之为艺术的哲学）的高度上讲，这就是真、善、美的统一。

第二节　现代结构在建筑中的表达

　　现代中国建筑师通常采用传统文化和西方现代建筑学相互融合的设计手法，意图回应时代背景下建筑设计不同层面的复杂问题，用富有创造性的方式对话建筑社会性、建筑历史性、建筑人本性、建筑环境性，通过还原建筑本质、再现空间场景、转译传统空间、表达实体属性、构建生态系统等手段体现传统文化与哲学思想，以期实现传统文化在现代建筑创作上的复兴。

　　现代中国建筑师基于自身的民族文化传统，建筑手法表现出一定的独特性，这种独特性不同于在形式上对传统建筑符号的抄袭模仿，亦不同于当今先锋建筑师那种求变、求新的潮流时尚。他们将自己的设计根植于传统的哲学观念，着力于在建筑本质属性、空间场景、材料技艺、美学体验等方面构建传统与现代架构的桥梁，意在构筑文化特色、地域特征、情感认同与精神共鸣。在这一过程中，建筑师设计的理念为建筑实体提供养分，而建筑实体又通过游览者的参与和体验得到反馈。这种体验是基于设计者对中国传统文化的记忆与认同的再次创作，是游览者体验的先决条件，同时也是中国本土建筑师富有地域文化特点的常用表达手法。

一、建筑实体的直接表达

本土建筑师对还原建筑本真性进行探索，以期加强游览者的知觉体验，提倡在不掺杂任何多余因素的前提下，让建筑的各个层级实现有机融合。建筑师在其建筑创作中，着重对传统文化进行再次抽离、组合与再次创作，实现传统文化在现代建筑上的复兴。这种复兴不是简单意义上的组合与罗列，而是在根植于地域文化认同的前提下，使建筑设计在不同层面上与不同过程中达到相辅相融，构建一种日常行为与建筑实体之间的沟通模式，并通过这种模式唤起人们对传统地域文化知觉与记忆的本真体验。

现代建筑的构成大体延续了"框架＋表皮"的方式，框架形成建筑的灵魂部分，材料包裹于外，作为视觉上实体的基本构成元素，塑造了建筑的外部形象与视觉特征，给人以不同的感官体验。在这一层面上，材料有着物质与精神的两种性质。物质上通过质感形式构建人们可触可碰的外部艺术形象，精神上通过场景营造符合人们游览体验的情感预期，这种情感预期与传统的地域文化、特定的功能场景、人们的生活方式充分结合。建筑师利用传统材料的质感表现特定的氛围，赋予建筑特定的意义，为观赏者提供温暖舒适的亲人空间或禅意空灵的传统空间，或亲水豁达的诗意空间。这种对材料特性的掌控最终通过空间传达给观赏者，以具体的空间形式表达对建筑本真性的追求。

本土建筑师对建筑材料的把握，正是源于对中国传统文化的深刻理解。

材料作为传统文化的媒介，使得建筑师在情感上与传统文化沟通成为可能，形成一种传统与现代之间特殊的对话关系。例如，王澍对材料的实践与探索，他将传统砖、瓦、木等建筑材料，以一种全新的方式进行重新组合，带给人们完全不同的观赏体验，令游览者置身其中之时有很强的代入感。王澍在1998年设计陈默艺术工作室时，既注重现代材料如钢材、玻璃、混凝土的完整表达，也注重对传统材料如砖、瓦、木的本色体现，在具体的细节上，不加入任何多余的装饰，使建筑以一种最原始的形态呈现在观赏者眼前。而在之后中国美术学院象山校区、宁波博物馆等的设计中，他完善并深化了这种材料的使用技巧，大量收集不同时期的旧砖瓦，并将之运用到外墙面与屋顶上，为建筑赋予一种古朴诗意的气息。这种将传统材料与现代材料"碰撞"使用的方法不仅体现了建筑师对传统文化的尊重与继承，还是建筑师基于材料的历史内涵与现代技艺做出的大胆尝试，取得了很好的效果。又如，董豫赣在红砖美术馆中对原始红砖的使用，不仅在本真性上对传统材料有很好的体现，而且通过不同的组合手段形成具有不同特质的空间，供游览者感知体验，是利用实体表达建筑特质的一次很好尝试。

二、空间关系的柔性转译

建筑从某种程度上反映了人的生活方式，建筑史也在一定程度上是人类生存活动的缩影。在这一过程中，建筑从最开始的为人遮风避雨的单一功能场所已经逐渐演变成具有容纳人日常行为需求的功能场所。人对建筑的需求更多地体现在空间之中，建筑空间可以理解为人心理空间的外在体现，这使得建筑与环境之间产生诗意的对话关系，这种对话关系建立在人行为活动的基础之上，通过人的行为体验，这种对话关系得以真正体现。在中国传统建筑文化之中，对空间的注重一直大于对实体的追求，这对现代建筑设计处理空间与人、社会、自然的关系有很好的启迪作用。

中国近现代建筑学致力从中国传统空间关系中汲取养分，对传统空间关系的理解也在近现代通过实践探索不断加深。例如：童寯对江南园林进行调研总结，挖掘蕴藏于园林空间之中的诗情画意与空间之美；刘敦桢撰写《苏州古典园林》，并将理论引入实践，对南京瞻园进行改造和扩建；陈从周撰写《说园》，将古典园林中的意境之美运用到云南昆明"楠园"的设计之中；莫伯治通过传统园林手法对地域建筑特征进行探索挖掘。这一时期是传统空间理论与实践全面开展的时期，人们对传统园林与传统建筑空间的探索得到了很好的加强。在这之后，方塔园、香山饭店、苏州博物馆的建造体现了中国传统园林空间在空间关系和时间记忆上的创新表达，张永和、董豫赣和王澍等人的建筑理论和建筑作品将对园林和民居院落建筑空间的理解和转译推到了新的高度。这一时期对空间关系的探索已经不同于上一时期的以理论探索为主，对传统空间不同层面与不同方法的解读被本土建筑师以不同形式发掘出来，大大增强了现代建筑的传统文化内涵。

（一）自由灵活的空间塑造

如前所述，空间在中国传统建筑文化中一直占有重要的位置，可以说，空间的流通与渗透是古人生活方式的一种缩影。明代小诗就有"一琴几上闲，数竹窗外碧。帘寂空无人，春风吹自入"的描述。这种自由灵活的空间塑造容易产生深远的"画感"，居住其中不会感到单调乏味。传统建筑空间通过形体组合、内外渗透等方式给人以不同的感受，也可视作对中国传统文化的一种呼应。《浮生六记》中就有"大中见小，小中见大，虚中有实，实中有虚，或藏或露，或浅或深"的描述，这不仅是中国传统的哲学内涵的一种体现，也是古往今来人们的空间追求。

中国传统文化在影响现代建筑空间的同时，也成为诸多本土建筑师进行地域化创作时所借鉴的思想源泉。"虽由人作，宛自天开""得体合宜""随宜合用""巧于因借"等古典园林思想为建筑师在空间创作上从传统空间中汲取养分提供了可能性。对传统空间进行现代语言的再创作已成为现代本土建筑师的主要兴趣点，对不同建筑空间片段的组织排列、穿插重构、互相引借，形成了具有不同氛围特质的空间，这些空间具有诗情画意的情感体验，或具有步移景异的时空观感，真正实现了可行、可望、可游、可居，重现了传统空间的本质特征，实现了传统空间的现代转译。在这一过程中，从冯纪忠的方塔园到贝聿铭的香山饭店、苏州博物馆，再到王澍的中国美术学院象山校区、董豫赣的清水会馆等，建筑师都从传统建筑空间中吸取养分，作品具有很强的地域特征，这都是建筑师对中国传统建筑空间不断探索的成果。

比如，冯纪忠设计的上海方塔园。在 20 个世纪 70 年代初期，设计师大胆利用古典园林的空间概念，通过现代的手法将不在同一轴线上的古典元素组合起来。宋时期的古塔、明时期的影壁、清时期的天妃宫、现代的何陋轩，都在这个整体的空间序列中扮演着各自的角色。游览者置身其中，仿佛在历史中穿越，交错时空的建筑在传统园林空间的引导下以一种独有的历史纵剖线的形式展现出来。砖石砌筑的堑道、层次错列的斜墙、开敞闭合的环道，都以一种独特的园林体验不断呈现在游览者眼前，历史与现代凝固在方寸之间，为现代人提供感知传统、知觉体验的可能性。

又如，贝聿铭对香山饭店的中庭设计。设计师从中国传统民居中汲取灵感，力求以传统庭院空间语言，赋予现代建筑以古典神韵。通过对中国传统庭院元素恰到好处的利用，香山饭店的中庭以一种兼具自由灵活的现代形态与传统朴素的古典韵味的存在呈现在游览者眼前，大大增强了空间的可读性。同样的方法也存在于在苏州博物馆的设计中，通过廊道的组织排列与不断变化，空间时而开敞、时而闭合的空间序列，塑造出一种真实有趣的空间体验，人们对传统文化的记忆在这里不断被唤起。

再如，刘家琨对何多苓工作室的庭院设计。建筑师在处理传统的庭院空间时依旧沿用古典园林式的布局，但为了赋予传统空间特质以现代含义，建筑师将庭院的四周封闭，内部增高，使传统的庭院空间相对独立于外部的建筑空间，获得一种空灵虚无的状态。光线从上方射入，经过墙壁与廊道玻璃的不断反射，给游览者一种极强的视觉感受，极易获得情感上的共鸣。

此外，王澍设计的中国美术学院象山校区。建筑从古典的诗画中吸收灵感，在选址上并未采用网络分布，而是依山就势采用自由的布局，建筑起起伏伏，仿佛在场地上生长开来。建筑的整体布局十分紧凑，与场地环境有着很好的对话关系，空间形态自由灵动，古典园林韵味十足。在三号楼前数米高的门洞前向外望去颇有范宽《溪山行旅图》的感受。

另外，董豫赣设计的清水会馆，其外部形体十分简洁，通过对传统材料的排列组合，以简练浓缩的建筑语言取得了很强的空间韵律效果。建筑空间氛围浓郁，游览者置身其中，会立即被其宁静与纯净的特质感染，有很强的代入感与互动性，真正实现了人与空间的和谐共融。

（二）层次丰富的路径架构

路径作为传统建筑文化中连接不同空间单位一个重要的组成部分，通过穿插排列、重构融合、消隐对比等手段为游览者提供"曲折迂回"的空间体验。游览者置身其中，通过或快或慢、或开敞或闭合的空间节奏与场地产生共鸣，丰富空间的视觉体验与感知深度。路径为游览者提供方向性，重新定义了建筑、人、环境之间的关系。对路径进行不同手段的表达是建筑师塑造场所精神的主要方法之一，也是实现多层次空间体验的重要一环。

层次丰富的路径不仅可以丰富建筑场所，赋予场所一种原真性的魅力，更可以为建筑提供更多的观赏角度，使游览者可以从不同层面感受空间，达到步移景异、画中有画的境界。在这种空间体验中，人的精神观感与建筑实体之间紧密相连，建筑师可以利用场所中的一切，如空气、光线、声音、记忆知觉、温度、气味、天气、影像等，营造所欲营造的氛围，充分调动起游览者的视力、听力、触碰、味觉等感官体验，达到人与建筑、场地、环境的共鸣。

比如，冯纪忠设计的方塔园。中国传统建筑文化中对空间的趣味要浓于实体，方塔园就采用传统古典园林中对建筑消隐设计手法，将不同的建筑融于环境，达到了多样化的意境空间，取得了和谐统一的效果，通过路径的自由性来表现建筑的不同空间层次，从而引起人们在记忆上与知觉上的双重体验。

又如，刘家琨设计的何多苓工作室。对游走路径的提炼和传达能够带给人们在空间上不同的意境感知，同时也体现出建筑师对中国传统空间意境的准确把握。在建筑围合的对立层面上，建筑师将一条游走线路环绕围合天井的外壁盘旋上升，在其建筑投影即将闭合的一个空中小庭院处突然转折，进入突现的天井，一条飞廊凌空斜穿而过，并从上空折返回刚才经过的房间，迷宫般的空间和线路因观察角度的突变而顿时变得清晰，使人顿时明白刚才身在何处。

再如，王澍设计的陈默工作室，设计采用了灵活的路径取舍，他将路径剥离于建筑空间之外，看似毫无路径可言，却处处都是路径。在通透的空间格局中，路径仍然明晰可辨，但又能以不确定性使观赏者投身一种互相包含的运动之中，在此人们进入了一种一旦开始就不能停止的纯粹运动。

三、审美层次的秩序建立

在中国传统建筑文化中，人与自然的和谐一直备受推崇，从自然中寻找建筑的创作灵感也成为传统建筑美学创作的一个重要方法。模仿自然、融入自然、对自然元素进行提炼和转译也是中国传统美学的一个重要组成部分。建筑作为人类文明的巨大容器，承载了人类改造自然、进行社会活动的方方面面，建筑师只有加强自身对光影、肌理、质感与色彩等美学层次的理解和塑造，才能带给人们完整的知觉体验与记忆感知。

（一）宜人的建筑尺度

中国传统木建筑一直采用严格的模数制，如宋代的材分制、清代的斗口制。模数制在清代达到高度成熟的水平，这不仅极大地简化了施工做法，减少了用工用料上不必要的支出，更易于做出符合人体尺度的宜人空间。这一点同西方现代主义建筑师柯布西耶采用斐波那契数列演化出一系列符合人体尺度的模数在精神上大为相同。建筑师对传统空间尺度进行把握与掌控，以人为本，已成为符合中国传统建筑空间意境进行设计的一个主要手段。

比如，王澍设计的"垂直院宅"，体现了现代住宅对传统建筑尺度的准确把握，同时也在一定层面上唤起人们对逐渐逝去的传统技艺的关注。建筑师一反固有住宅的建造模式，将中国传统建筑的空间尺度放置在二层楼高的屋檐中，限定了居住者对空间的认识，不管人们居住的高度如何，其空间感知仍是二层楼的空间尺度。

（二）韵律的建筑色彩

色彩是表达建筑地域文化差异的一个重要组成部分。中国传统建筑在用色上有官式与民间两种不同的区分，官式用色富丽堂皇，民间用色典雅质朴。中国自古地大物博，民族众多，不同区域的特征不同，对色彩也有着不同的使用规则，如白墙黛瓦的江南小镇、水墨黑白的北方民居等。这种具有中国传统文化特色的色彩构成了中国建筑几千年的韵律画卷，现代建筑师对色彩的运用也在一定程度上体现了对传统建筑文化的尊重与继承。

比如，贝聿铭的香山饭店、苏州博物馆对传统建筑色彩的现代转译。他采用了深灰色花岗岩色带划分、勾勒白色墙面，作为苏州博物馆墙体的形象特征，体现中国传统审美层次对"线"的把握和理解。

又如，王澍对传统色彩的把握体现在他对中国传统绘画的理解和把握上。在中国美术学院象山校区的设计中，他将中国传统水墨画的色彩和空间感知应用于建筑创作，江南传统建筑中的粉墙黛瓦在此得以延续。另外，在他设计的一系列大型公共建筑之中，他有意地将传统建筑中的建筑材料应用于建筑创作中，从绘画用色的层面向人们诉说着那已逝去的古老记忆，在带给人们强烈视觉冲击的同时，再现传统建筑场景的记忆，引起人们情感上的共鸣。

（三）斑驳的光影体验

光对不同的建筑空间有着不同的含义，对于建筑师来说，"让光来说话"对空间氛围的塑造有着十分重要的作用。自然的光线从建筑外延展入内，在与空间产生互动的同时，更为观赏者提供另一种感知体验。建筑师通过材料与技术的处理，综合运用叠加穿透、消解引入等手法，做出符合空间特质的缝隙，这些缝隙与不同时段的光线合作，产生虚实与明暗的对比，为人、建筑、自然提供不同的场景与语境的可能性。这种具有特质的缝隙是连通光线的通道，既可以存在于建筑的内部空间，给人以明暗变化的斑驳体验，也可以存在于建筑外界面，与城市空间发生联系。建筑师运用建构、白描、高技等不同的手段，使建筑与环境、人与空间和谐统一。

比如，刘家琨在何多苓工作室与鹿野苑石刻艺术博物馆的设计中，采用了在建筑个体之间设置间隙的设计手法，在丰富内部空间的同时，增加了内外空间之间的流通性，光影、自然景色、时空体验在此得以升华。在何多苓工作室的设计中，他利用了孔孔相套的窗洞，强调内部的空间层次感，使室外的风景变成一方诗意画卷。狭长的缝隙表现了室外光影的意境和光线的明亮，同时也进一步对比出室内的阴翳。在鹿野苑石刻博物馆的设计中，他采用非日常化的缝隙光、天光和壁面反射光，在增加空间意境的同时，带给人们多层次的光影体验。

又如，董豫赣在红砖美术馆的设计中，采用了封闭展墙，以及用均匀光照耀展墙。他在未改动原有洞口的基础上，将形同折屏的墙体折线，在洞口内穿行转折，得到了双倍的展墙及三角形内的光影效果。在清水会馆的设计中，他再次将光线纳入自己的建筑，并通过描画一些能让平面产生凹凸的光影，使得整个建筑变得明亮。他将光影视为一个学科应用非常重要的支点，并用中国的明暗来进行描述，认为光影的明暗韵律继承了中国传统文化中的变化特性。

再如，王澍在中国美术学院象山校区的设计中，通过在墙面上开设不规则但不失韵律感的洞口，打造了美轮美奂的空间光影效果，较好地转译了中国传统建筑空间中的光影韵律。

（四）统一的立面秩序

立面作为建筑与城市界面连接的最直接一层，不仅在结构上为建筑提供外围保护，还是直接决定建筑形象特质最主要的感知因素。符合传统审美韵味的、具有强烈秩序感与统一性的立面已成为现代本土建筑师所追求的一个主要目标。同时，如何通过立面表达建筑师对待不同材料（传统与现代）的态度，使建筑的外观有丰富的内涵与极强的可读性、趣味性也成为建筑师面临的一个主要问题。

比如，贝聿铭在苏州博物馆的设计中，对大墙面的划分起到了减少建筑体量感的效果，墙上部的再划分完成了墙面与屋顶的过渡，对洞口的勾勒突出了洞口的画框感，而对墙转角延伸至屋顶的勾勒，则强调了墙线与体的造型与顶的连续性，最终带给观赏者富有层次感的墙面。另外，在屋顶设计中，他抓住了传统屋顶的造型特点，通过几何形体的组织形成富有整体感的深灰色坡顶，跨越了传统与现代之间的隔阂，突显了苏州博物馆的鲜明个性。屋顶别出心裁地采用了在传统建筑中出现在照壁等墙面上的方砖拼贴的手法，这种借用改变了传统屋面的形象，却又有与传统的联系，同时与室内的铺地形成呼应。

又如，在王澍垂直院宅的设计中，整个连续立面的处理，绘制出了整个江南城镇局部的水平切面，通过将其直接竖立起来，完成了传统文化到现代的意境转译。在宁波博物馆和宁波美术馆的设计中，王澍将收集的旧砖瓦通过一定的美学逻辑以不同的组合方式排列起来，构建了立面整体的秩序性和完整性。在中国美术学院象山校区的设计中，他通过富有韵律感的墙面洞口方式，打造了立面秩序的统一。同时，有规律的弧形屋面，在空间上以一种传统固有的形式感、张扬性诉说着传统与现代的对话关系。

四、生态哲学的建筑表达

中国传统哲学提倡"天人合一""道法自然"，强调人在处理与自然环境的关系时要本着尊重、爱护、顺应的态度。这种处理建筑与生态的原则不仅对我国几千年的建筑史有着深刻的影响，对环境问题突显的现代也具有很重要的实际意义。根植于传统文化，以积极的手段探索建筑与环境、建筑与人之间的关系，通过科学技术降低建设成本，减少不必要的浪费，寻找经济发展、建筑技术与人文艺术之间的融合，已成为大多数本土建筑师不懈追求的目标。

（一）道法自然的空间营造

对自然空间的追求一直是古人所向往的生活方式，中国古典园林就有以引水为池、堆土成山象征山水的传统。这是对传统文化的延续，对改变微气候、节约能源也有很好的作用。现代建筑师通过建筑的形体组合与配景的合理布置营造空间氛围，从传统的诗、画、书法中汲取养分，构建既有内涵性又兼具生态功能的空间。其中，常见的手法有合理设置内庭院、调节植物配比、引光入室、空气引流等。比如，王澍设计的中国美术学院象山校区，其选址体现了对建筑环境的尊重，体现出生态性和人文性。另外，一些富有节奏和韵律感的窗洞设计，在增添空间韵味的同时，也较好地满足了室内空间的采光需要。

"让光来说话"是建筑师惯用的手法，对空间的塑造，使得自然光线直接介入建筑中，可以达到节能的目的。莫伯治在东方宾馆翠园宫的施工现场，指导工人把侧墙打掉，让自然光透进房内。在其后来的很多作品中，如西汉南越王墓博物馆、广州艺术博物馆等，都可以看到莫伯治将自然光作为室内照明，既实用又方便，减少了能耗。莫伯治对自然光的运用突出表现在顶光的运用，通过各种形式的天窗，引入自然光线，共同塑造生态空间。在苏州博物馆新馆的设计中，贝聿铭将三角形作为重要的造型元素，通过并列和组合构成错综复杂的空间。复杂的顶部空间使自然光线穿过透明的玻璃倾泻到室内，取代了大部分人工照明。节约能源的同时，光作为传递的媒介表现在建筑的各个细节之中，塑造出更有魅力的空间。

（二）因时因地的构建方式

不同的地域有着不同的文化积淀，根据不同的地方特色因地制宜地建造，在一定程度上沿用地方的建造工艺，尊重地方材料，保留风土人情，不仅可以体现一个地区的地域性特点，更好地为地区使用者所接受，而且能使建筑减少支出，节能环保，具有生态性。

20 世纪 80 年代前后，莫伯治的建筑设计充分结合岭南地区的建筑造型和建筑工艺，使他的建筑作品呈现出传统的干阑式构建方式、基底层架空等特点。其中，20 世纪 50 年代广州北园酒家、泮溪酒家等建筑作品是这一传统构建方式的直接体现。

比如，刘家琨在工作室系列的建筑设计中，充分体现建筑材料和建造工艺的因时因地性，基于现有建筑条件，深入挖掘条件中发有利和不利因素，并将其转化为设计的依据和资源，最终将现有条件和设计理念融合，进行创造性的解答。在何多苓工作室的设计中，他采用了砖混结构，意在以最低的造价体现混凝土建筑的空间效果。在施工方面，他不刻意追求建筑的质量，而是以粗野的生态建造方式，传达乡土建筑的内在神韵。他雇佣当地农民施工队进行当地惯常的施工，采用抹灰、刷涂料的施工工艺，试图还原建筑建构的本质。在鹿野苑石刻艺术博物馆的设计中，他采用了"框架结构、清水混凝土与页岩砖组合墙"这一特殊工艺：一方面，满足了建造的因时因地性；另一方面，解决了随意改动致使原本设计被破坏的尴尬境地。

又如，王澍在 2000 年杭州太子湾公园玉皇山脚的夯土"墙门"设计中，就地取材，采用了中国传统的夯土工艺构建墙体。同时，他还用 3 000 片传统瓦片构建了一条"时光之路"，并获得了某种空间素材上的"转换"，诉说着传统与现代的对接。在他看来，夯土不完全是用土的问题，他有一种"时间"上的混合，不同年代的非墙体构件，包括柱头、柱础等融入土墙，材料之间浑然天成，传达着古老的记忆。

（三）地方材料的生态表达

地方材料在区域性建造活动中有着很强的不可替代性，这不仅是对传统文化的一种使用惯性，也是古代人民面对残酷自然环境不断选择、探索的智慧成果。运用现代科学的手段使用地方材料已逐渐为多数本土建筑师所接受，并通过对技术手段、施工工艺的不断创新赋予这些地方性材料更多的时代意义，使其在使用上兼具文化意义与生态意义。

比如，冯纪忠的方塔园设计中的何陋轩，通过现代技术对传统材料竹木茅草的表现，使设计在兼具传统意味与现代精神的同时，大大缩减建筑支出。建筑处于园林之中，相对于现代材料，这些传统材料更能体现设计对节能环保的生态性的重视。

又如，莫伯治的北园酒家。他通过收集处理旧的建筑材料，并用传统的建造工艺进行加工建造，最终使北园酒家成为有着套色玻璃蚀刻的精美满洲窗、典雅美观的镂花屏风、精致镶边的楼梯扶手的精美建筑。这不仅体现了设计对传统工艺与传统材料的尊重与思考，也节约了资源，兼具文化意义与生态功能。

再如，张永和的二分宅。他通过对中国传统土木结构的重新整理，使木框架与夯土墙紧密结合，不仅使建筑具有很好的保温隔热性能，而且在地域化设计上值得参考。其生态构思在其狮子林会所中进一步强化，建筑采用的石材为建筑外表赋予厚重质朴的文化内涵，也使得建造过程的经费大大缩减，真正实现了建筑与地域环境的和谐统一。

另外，刘家琨设计的鹿野苑石刻艺术博物馆，在建设过程中充分利用了当地传统的水泥粗磨工艺，在解决成本的同时，改善建筑的保温性能，取得了很好的效果。

1997年，刘家琨提出"低技策略"，"面对现实，选择技术上的相对简易性，注重经济上的廉价可行，充分强调对古老历史文明优势的发掘利用，扬长避短，力图通过令人信服的设计哲学和充足的智慧力量，以低造价和低技术手段营造高度的艺术品质，在经济条件、技术水平和建筑艺术之间寻求一个平衡点，由此探寻一条适用于经济落后但文明深厚的国家活地区的建筑策略"。他在汶川地震灾后重建中也利用废墟材料"再生砖"进行建造，这种尝试值得参考。

王澍反对建筑的浪费现象，注重传统建造工艺，频繁使用再生材料，他在建筑中所用的体现传统的瓦片墙都是用回收来的旧砖瓦做成的。他在中国美术学院象山校区的设计中，大量使用旧有材料，超过700万片不同年代的旧砖瓦被诗意建构在象山校区的墙面和屋顶之上，塑造了富有历史记忆的建筑外观，其造价不到1 500元每平方米，远远低于国内其他校区的造价。这种生态的构筑方式也在宁波博物馆和瓦园等建筑的设计中得到体现，表现出他对待传统的态度和生态性思考。

在现代，中国传统文化的生态观正不断受到由经济飞速发展引发的环境问题的挑战，如何通过技术手段使材料、空间、文脉焕发出新的时代意义已经成为现代本土建筑师所面临的主要问题。对建筑生态性的不断探索也为我们提供了另外一种沟通历史与现实、传统与现代的手段，赋予建筑更为具体而本质的意义。

第三节 现代建筑中的结构建构策略

现代建筑的发展受到传统文化的影响，这其中不仅有不同时代不同生活方式习俗、文学艺术、宗教伦理等方面的影响，还包含建筑自身的空间秩序、形式美学、技术手段、结构构造等不同的价值取向。

与传统文化一样，建筑学的发展是一个连续的过程。中国传统建筑从原始的茅茨土阶开始，经过各个朝代的不断演变，形成以材料工艺、尺度色彩、结构装饰等手段表达等级制度、阶级礼数、宗教追求的不同方式。儒家的克制、道家的空灵、佛家的禅意在中国传统建筑中都有了不同方式的表现——建筑与环境的和谐统一、虚实对比与色彩对比、空间的开敞与闭合、秩序的变化与统一等。从这个意义来说，中国传统文化为中国传统建筑特色的形成提供了必要的文化来源，塑造并构成了中国传统建筑的主要形象与脉络。在当今时代背景下，如何使传统文化在建筑中焕发新的生机成为建筑师面临的主要问题。

一、实体层面的"建构"化表达策略

"建构"文化形成于 19 世纪德国建筑理论家的一系列学术研究中，在当时建筑技术飞速发展的背景下，建筑理论也得到了更为系统化的发展。"建构"一词源于古希腊，指的是木匠或建造者。在《荷马史诗》中，"建构"一词指一般意义的建造技艺。其后，戈特弗里德·森佩尔在此之上提出建筑的四个基本要素，即基座、火炉、框架/屋面、围合。这四个基本要素虽取义于远古棚屋的形象，但现在大部分建筑建造方式依然处于其框架之下，这四个基本要素有很好的借鉴意义。中国建筑的文化传统中有很大一部分是以"营造"为核心的建构文化传统，其中木结构框架体系的结构造型是最主要、最丰富的内容。

中国传统建筑文化有一套完整的有关施工技艺、样式方法、工程规范的木结构体系，与西方建筑体系不同，中国传统建筑并没有作为一门学问与艺术受到重视，技艺多由匠人薪火相传，是一种以工匠建造为核心的营造体系。这一体系与伯纳德·鲁道夫斯基所说的"没有建筑师的建筑"颇为类似，这一体系是基于自身地域文化特点与美学基础发展而来的，有着很强的民族文化特征。

对传统材料的现代表达已成为现代建筑师一个重要的实践方向。现代建筑师通过实体化、潜能化、氛围化的表达使传统材料更加接近建筑的本质。这种对建筑本真性与材料、空间、文化内涵原真性的追求体现了一种区域文化的"返魅"。从建构的角度努力挖掘地域性在现代的新内涵，正是现代建筑设计所需要的。

二、空间层面的体验性认知策略

美学大师宗白华认为，"一切美术都是'望'，都是欣赏。不但'游'可以发生'望'的作用（颐和园的长廊不但领导我们'游'，而且领导我们'望'），就是住，也同样要'望'"。中国传统空间基于中国传统的美学思想，同西方"重实体，轻空间"的传统不同，对建筑空间有着更加深刻的认知。中国古人对建筑空间的理解，或是作为接触自然的一种媒介与手段，如诗圣杜甫的诗句"窗含西岭千秋雪，门泊东吴万里船""山川俯绣户，日月近雕梁"，或是作为一种生活方式的表达，如院、园、山水，或是作为中国古人对自然空间甚至宇宙空间的一种体验性表述，如天坛。如今，基于传统美学对空间的探索已成为现代中国建筑实践的一个重要兴趣点。

王澍在他的《走向虚构之城》中写道："1985年，读了维特根斯坦的《逻辑哲学论》……索诸尔的《普通语言学教程》……初遇罗兰·巴特。"同时，他也在《虚构城市》中不断强调着那张清代的《豸峰全图》，与现代社会精确绘制的地图不同，这幅地图没有明确的环境空间表达，建筑物的位置十分含糊。相反，其相对位置的表述却十分清楚：一座门排放的方位、形制；一片园子的位置及其中树木的种类和姿态；一座桥跨越河流的样貌。也许，这样的地图对于生活在科技发达时代的我们来说是难以想象的，但对古人来说其精度显然足够。也许正是因为我们对这种方式的不熟悉，或者说不复熟悉，才显出它奇特的构图方式，即无条理之中附带着条理，无规则之中附带着规则。这幅比例略显失衡的地图在王澍眼中却有着一种久违了的温暖和煦之感，其中所描述的万物之间的种种关系更是有着一种类似漫游随方制象的感觉，让人仿佛身临其境。

而另一个经常被谈论的元素"合院"，在王澍的建筑中经常起到承上启下的作用，其是指建筑单体及它们以不同的形式构成的似内似外、既内又外的透明性的院落结构。院落的"进"，是中国传统建筑文化中的基本计量单位，当"进"的尺度大到足够容纳一个院落时，自然而然就产生了院落的结构空间。院使被现代城市设计思路排除在外的自然被纳入院落的体系之中，旧的生产方式也就相继而至。所谓传统建筑语言或院的复兴，被王澍成功地理解成为一个更有意思、更现代、更具体的问题。董豫赣曾说："这直接揭示了园林经营的一种手段——以看似普通的亭、台、楼、阁等几种简单的类型，通过山水的纠缠造成差异而多样的即景片段。"这或许就是豸峰地图绘制者眼中的世界。也许，这也正是古代匠人眼中的世界，王澍没有创造什么，他只是发现了什么。

在文化融合背景下，中国人对固有观念中的传统已经十分生疏，西方人的"拐杖"则更多地为现代建筑师所熟悉。溯源去看古代人的思想观念，如同盯着一个文物去回想过去。晚清时，有人用传统的经史子集来解读西方人传入的新知识，也许这正是文化交流碰撞所必经的道路——先用熟悉的"我"来理解外物天地，然后再对调过来。

凯文·林奇曾经说过："有价值的城市不是有秩序的城市，而是可能被识别出秩序的城市。"也许，只有在设计中把焦点从"建造什么"转变成"如何建造"，"千城一面"的现代城市中缺少的场所精神才能被还原。现代的本土建筑师已逐渐意识到，应把空间设计从创造性转变为发现性，让游览者的感受从浏览性转变为体验性。我们在生活场景中每看到一个"建筑"，就会在无形之中发现了建筑的另外一层含义，一种由具体的"象"组成的生活的世界，一种对传统空间的回忆也就产生了。建筑的本质就是遮风避雨，就是让人回归的一种方式与寄托。

三、审美层面的叙事性表达策略

中国传统建筑受中国传统美学影响，与西方美学不甚相同。西方美学习惯将视角度集中在固定的一点，而与此相比，东方美学仿佛不愿将视角固于一隅，正如韦应物诗云："万物自生听，大空恒寂寥。"中国传统文化更愿将上下四方、自然万物的一切纳入视野之中。沈括在《梦溪笔谈》中就有"李成画山上亭馆及楼塔之类，皆仰画飞檐……此论非也。大都山水之法，盖以大观小，如人观假山耳"的表述。这样的美学观念为中国传统建筑在不同场景描述不同感受提供了可能，也令我们从一个侧面理解叙事性表达得以在中国传统建筑文化中生生不息，历经诸朝变迁而不衰的原因。

建筑叙事性可以理解为一种与建筑观赏者紧密联系的建筑体验。虽然建筑叙事性是近年流行的学术语汇，但叙事空间自古存在。中国传统建筑的叙事性是建筑秩序、结构形式、美学观感的集中体现，其中包含许多不同的场景，如空间的开敞与闭合、场域的清晰与模糊、布局的连续、形式的韵律等。

中国传统建筑经过茅茨土阶的原始阶段后，分别经历了盛行"高台榭，美宫室"的阶段、前殿与后园相结合的阶段与纵向布置"门院屋"的阶段。在此过程中，纵向的空间层次逐渐得到加强，门殿的数量逐渐增多，自由布置逐渐向严肃对称的布局转变，叙事性逐渐加强。

比如，"三朝五门"就可以视作中国传统建筑叙事性的代表。《礼记》中就有"天子五门，皋、库、雉、应、路"的记载。明清时期对建筑设计叙事性的追求达到了极致。清时期的故宫，应用了古典的"三朝五门"，太和殿前的广场采用了三万余平米的巨大庭院，可以容纳万人，十分宏伟。从大清门至乾清门是一个完整的空间序列，正如美国现代建筑师亨利·墨菲所说："其效果是一种压倒性的壮丽和令人屏息的美。"

在环境空间中，人的移动及其知觉经验可以赋予其更多的环境意义。中国传统建筑叙事性在现代建筑中可以有多重的表现形式，既可以体现为严肃规则的空间排布，也可以体现为错综布列的自由布局，既可以制造冲突与矛盾，也可以创造静谧与和谐。这种叙事性既可以体现在总体的序列轴线上，也可以体现在内在的建造形式上，还可以形成于外在的美学图像上。

比如，王澍在宁波美术馆的建造过程中，在外观材料上使用了大量暗色的木、砖、瓦，给人一种压迫而肃穆的感觉。而这些传统材料的建造方式并未完全沿用旧法，而是使用了现代技术与传统工艺相结合的手段，以"碰撞"的方式，将传统的文化符号与时代的技术特征结合，效果显著。他在中国美术学院象山校区的设计中沿用此种创作方法，并在总体的规划上大规模展开，材料上使用青色瓦片，形成坡度很小的屋面，给游览者一种似平非平，似坡非坡的感觉，即从一个方向看去好像是平屋顶，从侧面看去又好像是坡屋顶。这种对传统审美与现代秩序的重构与重新解读，具有强烈的个人风格，令观赏者有很强的代入感，在总体序列、建造方法与外观形式上具有强烈的叙事性。正如王澍自己所说："当它们密集排列且有小角度的平面扭转，会使人产生一种恍惚，这是同一座房子吗？"

在现代中国，一方面人们对审美的要求已无法止步于上一阶段的"表面功夫"，人们对自身民族传统与归属的探索渴望不断加深，希望建筑可以承载他们在这方面的缺失，这也就为新时期的建筑活动提出了新的要求；另一方面，现代建筑师也无法止步于"循规蹈矩"地从事建造活动，为建筑的不同阶段赋予更加深入与多元化的材料、方法、形式、功能等成为他们所面临的主要问题。笔者认为，这种探索会成为对于中国当前建筑环境下"千城一面""经济至上"局面的一次有利的尝试与突破，而这种双方面的探索也会让我们更加接近建筑的本质。

在这一过程中，如王澍这样的建筑师为我们提供了基于传统审美，现代建筑"还能怎样"的新的可能，他在建筑中吸收传统文化的叙事性并将之运用到建筑活动的不同方面，具有很强的借鉴意义。

四、生态层面的传统性回归策略

中国传统文化讲究"道法自然"，这其中既有古代劳动人民对天地自然的敬畏与尊重之情，也体现着人们对绿色生态生活的追求与向往。比如，明清时期北京城的供排水系统就是受前朝影响而成，河流除为城市人民提供了充足的生活用水、农业灌溉与政治保障之外，还极大地促进了造园运动的发展，生态绿化在清代乾隆时期到达顶峰。西苑、南苑、三山五园等一系列皇家园林的建设不仅使明清时期的北京城成为集景观园林与生态绿化于一体的绿色生态城市，也使得民间对这种绿色生态的追求达到顶峰。不仅文人墨客、名门权贵在各地所建的私园数量众多，就连普通百姓家中的院落也是高度绿化。明清时期留下的诸多画作可以让我们一窥这一时期的绿化水平，北京城中部分古典的四合院也受这种布局和规划模式影响，足见这一时期的生态观念已深入人心。

然而，近现代的中国建筑所承载的生态传统逐渐失去了其内在含义，传统建筑的生态文化更多地作为一种口头与书面上的口号，无法落到实处。

这种现象在 20 世纪末逐渐受到建筑师的重视，伴随着对传统文化与地域性的不断挖掘与关注，建筑文化的本体回归到建筑师的视野内，建筑师从对建筑本身的孤立关注逐渐转变为对建筑与环境相融合的探索，将对国际式体系的照搬照抄转变为对地域生态的不断探索。在这些变化中，北京福禄寿大楼、沈阳方圆大厦、合肥美术馆等只具外观图像的建筑遭到了强烈的批判，建筑与建筑师被赋予了更多生态层面上的责任。

王澍、刘家琨、李晓东等建筑师，将关注的重点放在本土的地域特性上，用传统文化应对主流商业，他们不满足于当前的建造方法，从传统的诗、书、画中借鉴空间体验，用更具思辨的方式将传统的材料以多元的方式进行组合，并使之产生更符合人们心理期望、更具地域性的生态体验，典型建筑如红砖美术馆、玉湖完全小学、"玉山石柴"、鹿野苑石刻艺术博物馆、中国美术学院象山校区等。中国传统文化在古典建筑与古典园林中所呈现的和谐统一、应物象形、经营位置、道法自然等得到不同程度的回归，这种回归并不是对某种主义的"象形"模仿，也不是单一层面的情感表达，而是从地域性的角度出发，在材料使用、空间秩序、建构策略、生活方式等维度的多元综合表达。它们代表着中国现代建筑师对中国传统建筑文化的继承与发展，是建筑师智慧的结晶，为当前中国建筑设计提供了有力的借鉴。

可以说，正是这种从追求"象形"到追求建筑生态机能的策略转变，从地域性的角度重新激活了传统生态文化的潜力，这也逐渐成为现代中国建筑师进行建筑实践的一个重要方面，让中国传统生态文化的魅力在建筑上重新显现。

建筑师查尔斯·柯里亚曾说："在理解和应用传统时，不能忘记当地许多人的实际生活条件，反对执迷于向后看，而提倡寓传统于现代之中，将现代建筑文明与传统建筑文化精神有机结合起来，进行富有个性的创新。"基于传统生态文化的创新可以结合现代技术、现代理论，以满足现代社会的功能和精神需要，体现时代精神。

建筑创作如果跟不上时代需求的步伐，一味地赞赏某些已成的格局，墨守和承袭过去的形制，将会给建筑创作带来桎梏。总之，建筑面临一系列新的矛盾，必须摆脱一些程式方法、式样的羁绊，以适应时代的需求，把建筑的创新提升到应有的高度。

在建筑作品中，要突破固有模式、普遍认知，以创新的形式在建筑中表达生态文化的传承与创新的融合。

第五章　现代建筑人文内涵的营造与实践

第一节　营造建筑人文内涵的基本原则

一、"生态性"原则

所谓"生态性"原则，就是指建构现代建筑人文内涵要以现代生态科学为前提，所提出的人文理念必须体现尊重自然、尊重生态规律和维护我国及全球生态系统动态平衡的客观要求。

"生态"是指生物在自然界的生存状态，"生态学"一词源于希腊文"oikos"，意思是"住所"或"生活所在地"。1869年，德国生物学家恩斯特·海克尔最早对生态学下了定义，即生态学是研究生物有机体与周围环境（包括生物环境和非生物环境）相互关系的科学。简而言之，生态学是研究生物及其环境关系的科学。生态学大体经历了经典生态学、试验生态学和现代生态学三个发展阶段。

现代生态学已经形成自己独有的理论体系和方法论，日益发展为一种以天地生物为支点，以自然科学与人文社会科学相融合为重要特征的综合性科学体系。

现代生态学对全球变化、可持续发展、生物多样性、生态系统健康与管理等方面的研究成果成为人类正确认识自然和处理人与自然关系的科学依据。它所提出的一些重要理念和揭示的生态规律为绿色建筑实践提供了重要的科学前提，特别是一些应用生态学，如污染生态学、景观生态学和城市生态学等，可以直接成为绿色建筑和生态城市建设的科学基础。

"生态性"原则至少包括以下内容。

（1）体现现代生态学的一些重要理念。

现代生态学提出了许多对绿色建筑具有指导性的理念，如"适应"理念、"共生"理念、"协同进化"理念、"生态阈值"理念、"生态系统平衡"理念、"生态系统健康"理念、"生态系统生产力"理念、"生态系统服务功能"理念、"生物多样性"理念、"可持续发展"理念、"社会—经济—自然复合生态系统"理念等。在绿色建筑实践和营造建筑人文内涵的过程中，我们都应当以这些理念为重要的理论基础。

（2）遵循生态学的基本原理和法则。

生态学不仅揭示了生物个体、种群、群落、生态系统等不同层次、范围的生态规律，而且提出了不少应用生态学的原理和规律。

因此，在营造现代建筑人文内涵时，我们应从建筑的实际需要出发，注重对应用生态原理和规律的把握。

1971 年，美国著名生态学家巴里·康芒纳在《封闭的循环 —— 自然、人和技术》一书中提出了生态学的四个法则：第一，每一种事物都与别的事物相关；第二，一切事物都必然要有其去向；第三，从自然界懂得的是最好的；第四，没有免费的午餐。我国生态学研究员戈峰等人在前任研究的生态学原理基础上，强调其中的七个主要原理：生态系统结构和谐原理、生态系统的能流功能原理、物质循环原理、群落的演替和生态系统发展理论、食物链原理、种群增长原理和限制因子定律。

上述这些生态学理念、法则和原理，虽然表述各异，但它们从不同的角度反映了自然生态系统和社会生态系统发展的客观规律，对于绿色建筑实践和人文内涵的营造具有重要的指导意义。

首先，"和谐共生""协同进化"是我们从生态学得到的重要启示之一。生态学揭示了物种之间相互作用存在的两种类型：一是正相互作用，即"和谐共生"；二是负相互作用，即竞争、捕食、寄生等。竞争的客观结果则是"协同进化"，一些精明的捕食者，甚至能够形成自我约束能力，不过分捕食猎物。我们人类自称为"万物之灵"，更应当改变我们对自然的态度，由以往的对立、征服、统治的态度转变为追求与其他物种和自然生态系统"和谐共生""协同进化"的态度。"和谐共生"应该成为绿色建筑追求的价值理想。

其次，我们要牢记"从自然界懂得的是最好的"。一方面，我们在建筑设计中应当效法自然，从自然界获得艺术灵感；另一方面，我们必须认识到，任何一种非自然产生的人造物，都可能是有害的。建筑活动不仅要考虑经济上是否合理、技术上是否可行，而且要考虑生态上是否有益。

最后，生态平衡是生态系统长期进化最重要的规律，也是人类和其他生物存在与发展的基础。将人类的建筑活动限制在"生态阈值"之内，维护生态动态平衡，应当成为绿色建筑的行为准则和根本的社会责任与环境责任。

二、"科学性"原则

现代建筑人文内涵的营造不仅要以现代生态学为前提，而且必须弘扬科学精神，遵循建筑科学理论，即坚持"科学性"原则。

科学精神是人们在科学活动中形成的，反映科学发展内在要求，体现在科学知识、科学思想、科学方法中的一种观念、意识和态度，源于对具体的科学活动过程的提炼和升华，在本质上表现为约束科学家及其活动的价值和规范的综合。尽管人们对科学精神的内涵有各种看法，但科学精神的实质就是实事求是的理性精神、不畏艰险的探索精神、不盲从任何权威的怀疑精神和批判精神，以及团队协作精神、民主讨论精神等，归根到底就是"求真""创新"精神。有学者认为，科学精神是科学发生之源，是科学的灵魂和科学活动的理想原则，是科学知识的客观性、科学思想的合理性及科学方法的有效性的根本保障，是推动科技进步乃至社会发展的"第一动力"。我们营造的建筑的人文内涵必须弘扬科学精神。坚持"科学性"原则的具体要求有如下几点。

（1）我们在绿色建筑实践和人文理念建构过程中，要坚信建筑科学发展的进步性和日臻完善性，把绿色建筑和生态城市建设建立在现代建筑科学技术的基石之上。

（2）要坚持实事求是的科学精神。一方面，要客观地评价世界建筑发展的历史，肯定和继承古今中外建筑的一切优秀成果，反思现代建筑在处理人、建筑与自然关系问题上的失误和教训；另一方面，从我国的国情出发，从我国目前建筑业的实际出发。目前，我国建筑安全问题、健康问题、房价问题，以及城乡贫困群众住房困难问题都相当突出，这些问题应当在我们推进绿色建筑的过程中得到有效解决。因此，在营造建筑人文内涵的过程中，我们应当反映安全、健康、经济、适用、"以人为本"和"住有所居"等客观要求，增强绿色建筑人文理念的针对性和实效性。

（3）坚持创新精神。创新是科学的主要特征，是科技进步的根本途径。创新精神就是锐意进取、敢于冒险、敢于标新立异、勇于探索、宽容失败的精神。对于建筑师来说，建筑师也必须树立创新意识，努力提高自主创新能力。一方面，要大力创新建筑中的绿色技术，这是推动绿色建筑发展的根本动力；另一方面，在吸收外国建筑中绿色理念的同时，应当有民族自信心，敢于尝试，敢于创新，打造有中国文化特色的绿色建筑的人文内涵。

三、"民族性"原则

"民族性"就是要求所提出的建筑人文内涵既要反映世界建筑的基本理念，又要具有"我们民族的特点"。从内容上看，它既要吸收从 20 世纪 60 年代至 20 世纪 70 年代以来外国建筑实践所提出的一切先进的人文理念，又要注重挖掘我国古代建筑朴素的绿色观念，如因地制宜、建筑节俭、崇尚自然、人杰地灵等，更要总结我国现代节能建筑、绿色建筑的新鲜经验，要把我们的建筑人文内涵建立在民族传统文化的优秀成果之上。从形式上看，要有"自己的民族形式"，即用中华民族的思维方式和语言表达，这样才符合我国的绿色建筑人文理念。

坚持民族性原则的主要要求是：无论是中国古代建筑朴素的绿色思想观念，还是现代西方建筑的绿色理念，都与环境文化密切相关，或者说它们都是在环境文化的基础上提出来的。因此，就文化源头而言，我们要想坚持民族性原则，至少要做好三件事：其一，以马克思主义的辩证自然观为指导；其二，借鉴、吸收西方现代环境文化的先进思想；其三，总结、继承中国古代环境文化中的优秀传统。

目前，我国学术界对马克思主义环境哲学和西方现代环境文化都有深入的研究，但对中国环境文化的研究较少，因此我们尤其要在这方面下功夫。中国古代不仅有环境哲学思想、环境伦理思想、资源持续利用的法学思想和自然美学思想，而且涌现了许多感人的事迹，如商汤传颂千古的"网开三面"的事迹，汉代黄宪"乐鱼之乐""忧鱼之忧"关爱生命的情操，唐代杜甫"筑场怜穴蚁，拾穗许村童"、宋代苏东坡"爱鼠常留饭，怜蛾不点灯"的诗句和周敦颐"窗前草不除"的"仁及草木"的事迹都感人至深。更值得注意的是，中国古人提出了"成己成物"的命题。用今天的话说，就是要求人们的一切行为要人我兼顾，天人兼顾，既成就人，又成就其他生命。这个思想非常适合建筑的绿色实践需要。绿色建筑既要以人为本，满足人生存和发展的需要，又要关怀大自然，不能以牺牲环境和浪费资源为代价。我们只有将建筑的人文内涵建立在中国环境文化的基础之上，才有可能创造出具有中华民族气魄和风格的现代绿色建筑人文内涵。

四、"大众化"原则

建构绿色建筑人文理念应该坚持大众化的原则。对于现代建筑来说，坚持"大众化"原则，就是要使建筑人文内涵在内容上反映人民群众的根本要求，在形式上用人民群众喜闻乐见的形式、生动活泼的语言来阐述建筑深邃的人文理念，使建筑的人文内涵雅俗共赏，易于传播，便于记忆。

有志发展绿色建筑的建筑师更应当承担起这个庄严的社会责任，要面向人民群众，用通俗易懂的语言阐释绿色建筑理念，要用人民群众喜闻乐见的形式和生动活泼的语言来阐述现代建筑深邃的人文内涵。

第二节　绿色建筑人文内涵的营造理念

绿色建筑是对全球性环境危机反思的结果，是实现人类和地球生态系统可持续发展的重大举措。因此，重新审视人、建筑和自然的关系，改变人对自然的态度，建立科学的自然观和价值观是营造建筑人文内涵的逻辑前提。

一、安全健康，经济适用

从古罗马时期到 19 世纪初，西方建筑师提出了"适用""坚固""稳定""美观""愉悦""经济""健康"等建筑理念。中国在 20 世纪 50 年代提出"经济、适用、在可能条件下注意美观"的基本方针。在这两千多年的探索中，有一组概念是最基本的理念，即"坚固""安全""经济""适用""健康"。借鉴这些研究成果，并针对目前中国建筑行业存在的突出问题，我们认为"安全健康、经济适用"是对一般建筑的基本要求或基本底线。

（一）"安全""健康"是对绿色建筑质量最重要的要求之一

"安全""健康"不是什么新概念，却是我们不得不面对的严重的现实问题。20 世纪 80 年代至 20 世纪 90 年代以来，中国建筑安全、健康问题比较突出。在建筑室内装修方面，使用劣质材料，造成有害成分、有害气体严重超标，致使住户患病的现象时有发生。鉴于这些现实问题，我们在推进绿色建筑的过程中，应当高度重视建筑安全、健康这条底线。

1. 质量为本、安全第一应当是绿色建筑最基本的理念

质量，是指产品或工作的优劣程度。安全，是指主体没有危险、不受威胁、不出事故的客观状态。建筑安全，至少包括两个方面的内容：一是建筑工程的质量、安全性能，即建筑工程勘查、设计、施工活动是否符合国家建筑工程质量、安全标准；二是环境安全，即建筑物的室内安全及对周边生态环境是否有负面影响。

2. 健康建筑的基本内涵

建筑安全与健康是一个问题的两个方面，建筑的安全性能直接关系着人们的身心健康。按照世界卫生组织的定义，健康应具备四个层次：人的躯体器官无病，精神智力正常，有良好的人际交往和社会适应能力，道德观念和行为合乎社会规范。以此来看建筑，健康建筑应以人为本，满足居住者在生理、心理、社会适应和道德规范等多层次上的合理需求。为落实这一目标，2004年，《健康住宅建设技术要点》修订完成，从居住环境的健康性和社会环境的健康性两方面对健康住宅做了要求。

（二）"经济"是培育绿色建筑市场的客观需要

1.绿色建筑"经济"理念的含义

"经济"作为绿色建筑的理念，其含义主要包括两个方面：一是自然资源和社会资源投入最少；二是经济效益、社会效益和环境效益最佳。目前，特别需要强调的是，绿色建筑造价应当最适合大多数人的购买能力。

一般意义上的经济效益是指产出与投入比。绿色建筑的产出就是功能的实现，因此绿色建筑的经济效益就是绿色建筑的功能与成本之比。绿色建筑的功能主要包括容纳活动的能力、环境优化的程度与环境的舒适度等。绿色建筑的成本应包括私人成本、环境成本与社会成本三个方面。私人成本包括生产成本和使用成本。环境成本是指建筑活动所产生的环境治理成本。社会成本是指建筑活动在社会内产生的消极影响、对社会成员利益的损害。环境成本和社会成本又称为外部成本，因为其是某一地区所有人和生态系统所要付出的成本，对个人来说，其具有外部性。以相对小的私人成本和外部成本来充分实现绿色建筑环境的容纳度、舒适度和环境效益、社会效益的最大化，应当是绿色建筑的理想目标。

（三）"适用"是绿色建筑的基本功能

意大利建筑师莱昂·巴蒂斯塔·阿尔伯蒂将"适用"提升为建筑的第一原则。此后，"适用"便成为世界建筑界长期遵循的基本原则。

"适用"，从字面意思看，"适"是切合，"用"是发挥功能。建筑的适用可以理解为在住房设计、单套面积设定及其建筑标准方面强调住房的实用效果。吴良镛先生认为，"适用是个社会性问题：从一间房间、一所房屋、一所工厂或学校，以至一组多座建筑物间相关的联合，乃至一整个城市工商区、住宅区、行政区、文化区的部署，每个大小不同、功用不同的单位的内部与各单位间的分隔与联系，都须使其适合生活和工作方式，适合于社会的需求，其适用与否对于工作或生活的效率，居住及工作者身心的健康是有密切关系的"。他把建筑的适用性与人们的安居乐业、生产效率的提高相联系，揭示了建筑的目的和社会意义。因此，发展绿色建筑必须树立"适用"的理念，使人民大众的生活与工作环境得到更好的改善。

二、地域适应，节约高效

绿色建筑是对现代一般建筑体系的扬弃与超越，它除了继承一般建筑的安全健康、经济适用的价值，还必须具有一般建筑所不具有的新价值——"地域适应""节约高效"。"地域适应"是绿色建筑尊重自然、适应自然条件、融入自然环境和保护自然环境的根本要求。"节约"资源是绿色建筑的基本特征和基本评价标准。"高效"利用资源是绿色建筑应遵循的基本原则。

（一）"地域适应"是绿色建筑尊重自然、融入自然的基本设计理念

从本质上讲，建筑就是一个处理人与气候、环境关系的"环境过滤器"。处理人、建筑与自然环境的关系是建筑实践永恒的主题。然而，自然环境和建筑都是具体的，而不是抽象的。绿色建筑尊重自然，实际上就是要尊重地域自然环境，融入地域自然环境。离开对地域环境的尊重和适应，"尊重自然"就只能是一句空话。因此，1999 年第 20 届世界建筑师大会发表的《北京宪章》指出，"建筑是地区的建筑"，建筑师应树立"建筑的地理时空观"。马来西亚建筑师杨经文非常强调建筑设计适应气候的意义，他认为，"地方主义建筑试图在设计中融入建筑所处场所的'精神'。这样做的目的，是要建造能够自然而然地与当地环境相适应的文本主义建筑。它应该具备敏锐的洞察力，充分考虑到场所的现实，而不注重追赶国际上的趋势和潮流"。英国一位建筑师认为，"适应"既是乡土建筑的传统，也是现代建筑师面临的最主要的考验之一，"设计中，当我们实践自己的选择时，所面临的最主要的考验之一就是适应，既然地方建筑在很多方面都会长期适应它们所处的一般境况，那么如果传统方式没能在我们的设计中频繁出现，我就会感到非常惊讶"。中国颁布的《绿色建筑技术导则》强调绿色建筑"适应自然条件，保护自然环境"的重要性，指出，"发展绿色建筑，应注重地域性，尊重民族习俗，依据当地自然资源条件、经济状况、气候特点等，因地制宜地创造出具有时

代特点和地域特征的绿色建筑""发展绿色建筑，应注重历史性和文化特色，要尊重历史，加强对已建成环境和历史文脉的保护和再利用"。《绿色建筑评价标准》也强调，"评价绿色建筑时，应依据因地制宜原则，结合所在地域的气候、资源、自然环境、经济、文化等特点进行评价"。由此可见，"地域适应"应当成为绿色建筑的基本设计理念，"因地制宜"应当成为绿色建筑设计的基本方法。

（二）"节约"资源是绿色建筑的基本特征和评价的基本标准

发展绿色建筑的目的就是要改变当前高投入、高消耗、高污染、低效率的建筑发展模式，使建筑工业承担起可持续发展的社会责任和义务。《绿色建筑技术导则》和《绿色建筑评价标准》都将在建筑的全寿命周期内，最大限度地节约资源（节能、节地、节水、节材）、保护环境和减少污染作为界定绿色建筑的核心内容。"四节一环保"已被人们看作对绿色建筑的简约表述或绿色建筑的代名词。绿色建筑，节约是关键。

绿色建筑资源节约包括四个方面，即节地、节能、节水、节材。《绿色建筑技术导则》《绿色建筑评价标准》两个规范性文件对"四节"做出了明确的规定。

1. "节地"的基本要求

（1）保护土地。建筑场地建设不能破坏当地文物、自然水系、湿地、基本农田、森林和其他保护区；避免建筑行为造成水土流失或其他灾害。

（2）节约用地。建筑用地适度密集；限制人均居住用地面积；合理开发地下空间；合理选择废弃场地进行建筑；实现土地资源集约化利用和高效利用。

（3）绿化建筑场地。住区的绿地率不低于 30 %，人均绿地面积不低于 1 平方米。

（4）降低环境负荷。减少建筑产生的废水、废气、废物的排放；控制建筑施工、居住产生的大气污染、土壤污染、水污染、光污染和噪声影响。

"节地"的关键在于统筹城乡建设布局，不占或少占耕地，提高土地利用的集约和节约程度。

2."节能"的基本要求

（1）减低能耗。充分利用自然通风和天然采光及遮阳措施，减少使用空调和人工照明；提高建筑围护结构的保温隔热性能，减少采暖能耗；优化建筑供能、用能系统和设备，最大限度地降低能耗。

（2）使用可再生能源。充分利用场地的自然资源条件，开发利用可再生能源，如太阳能、水能、风能、地热能、海洋能、生物质能、潮汐能及其他自然环境的能量。可再生能源的使用量占建筑总能耗的比例大于5％。

3."节水"的基本要求

（1）保水。采取有效措施避，免供水管网漏损；采用多种渗透措施，增加雨水渗透量；对于降雨量大的缺水地区，合理确定雨水积蓄及利用方案。

（2）节水。采用节水设备，节水率不低于8％；绿化灌溉采用高效节水灌溉方式。

（3）水循环使用。设置水循环利用系统，形成自我循环；绿化、景观等非饮用水注重利用再生水、中水和雨水，非传统水源不低于10％。

4."节材"的基本要求

（1）建筑体量与形式节材采用高性能、低材耗、耐久性好的新型建筑体系；建筑体量"越小越好"，建筑形式朴素简约，无大量装饰性构件；提高建筑质量，延长建筑物使用寿命。

（2）建筑材料循环使用。减少不可再生资源的使用，选用可循环、可回收和可再生的建筑材料；可再利用建筑材料的使用率大于5％；使用以废弃物为原料生产的建筑材料，其使用量占同类建筑材料的比例不低于30％。

（3）使用本地材料。施工现场500千米以内生产的建筑材料重量占建筑材料总重量的70％以上，避免生产、运输建筑材料过程中的能源消耗及污染并降低成本。

节约资源的关键在于建立和完善资源节约的约束和激励机制，为建筑节能和绿色建筑发展创造良好的政策环境。同时，要改变传统的城乡规划和建筑设计、施工的思想观念和人们的居住方式，大力开展绿色建筑技术创新。

只有如此，建筑业才有可能走上节约之路、绿色发展之路。

（三）"高效"应当是绿色建筑遵循的基本原则

节约资源不是绿色建筑的最终目的，绿色建筑的最终目的在于获得最佳的生态效益、社会效益和经济效益，为住户提供高效的利用空间。因此，绿色建筑不仅要最大限度地节约资源，而且要高效地利用资源，并提供"高效的利用空间"。"高效"应是绿色建筑应遵循的重要原则。

绿色建筑的基本原则就是高效益，用美国建筑师理查德·巴克敏斯特·富勒的话可以概括为四个字"少费多用"，即少消费，多利用。德国建筑师克里斯多夫·英恩霍文将其具体为"用较少的投入取得较大的成果，用较少的资源消耗来获得更大的使用价值"。还有人把绿色建筑的高效益归结为"4R"。第一，减少，减少建筑材料、各种资源和不可再生资源的使用；第二，可再生的，利用可再生能源和材料；第三，再利用，利用回收材料，设置废弃物回收系统；第四，重复使用，在结构安全允许的条件下使用旧材料。可以说，只有实现绿色建筑的高效益，才能为人们提供更加舒适优美的居住环境，才能改善生态环境、减少环境污染、延长建筑物的寿命，才能使人、建筑与自然生态环境之间形成一个良性的循环系统。因此，应当把高效这一绿色建筑的基本原则贯穿建筑设计、选材、运营、寿命终结的全过程。

绿色建筑的高效要求，主要体现在两方面：一是高效利用自然资源和社会资源；二是为住户提供"高效使用空间"。高效使用资源包括高效利用能源，高效利用土地、水、建筑材料等自然资源和高效利用资金、劳动力等社会资源。提供"高效使用空间"也是不可或缺的重要内容。所谓"高效使用空间"，是指建筑的空间设计要适用、方便、使用率高。目前，我国很多家庭是"核心家庭"，只有三口人，没有必要设计面积过大的住宅，避免建筑空间的浪费。

三、以人为本，诗意安居

我们将"以人为本、诗意安居"确定为绿色建筑人文内涵的重要内容，是从绿色建筑所应当承载的社会价值和审美价值角度进行考虑的。绿色建筑作为人的社会实践活动的一种产物，是人所创造的，并且是为人所利用的。就其根本而言，它的一切活动都离不开人。"以人为本"就是将人作为绿色建筑的根本出发点和归结点。这里所说的"人"，是指"人人"，即所有现代的和未来的人。"实现人人享有适当住房"是绿色建筑的根本目标之一。也就是说，绿色建筑是基于社会、人类之安居的。其中最为重要的一点，就是要让百姓共享绿色建筑发展的成果，解决"住有所居"的住房公平问题。人类生存之需求是多层次的，绿色建筑应当满足人类生存不同层次的需求。"诗意安居"作为人类生存的一种理想化的审美境界，自然是绿色建筑所要追寻和达到的最高境界。也就是说，绿色建筑不仅要实现人类"安其居"，而且要于"安其居"中，使自己的生命情感找到归宿，并于途中得到生命的升华，从而进入人类生存的最高境界，即审美的境界。

（一）"以人为本"是绿色建筑的根本出发点之一

1. "以人为本"的含义

"以人为本"是一个社会政治理念、政党的执政理念，它是就政府处理国家与民众关系而言的，而不是在人与自然的关系上立论的。就人与自然的关系而言，人是一种双重属性动物，双重属性即自然属性和社会属性。人与其他生物一样，都是大自然的产物，与其他生物处于平等的地位，并没有什么特殊权利和地位，与其他生物一样，必须遵循自然法则。因此，也就不存在什么"以人为本"，或者以人类为中心的问题。我们处理人与自然关系的根本方法是统筹兼顾，追求的理想是人与自然和谐发展。

从社会层面来说，坚持"以人为本"，首先必须尊重每一个人的生存权。为每个人提供基本的生存环境和生存条件，是实现社会公平最起码的要求；其次，要尊重人的发展权，应当使每个人都有从社会中获得自由、平等、公平、公正发展的机会；最后，必须尊重每个人享有社会公共资源与自然资源的权利，实现公平生存和发展的权利必须有一定的物质条件和手段，离开了对人们公平享有社会公共资源与自然资源的权利的尊重，所有的公平、公正都是空话。社会公共资源和自然资源不专属于某一社会团体或者个人，而属于整个社会的所有人。当某一社会利益集团或者个人占有超越其应得的份额时，那便是对别人的资源拥有权利的侵犯。这不仅有违于社会公平原则，而且有违于"以人为本"的基本价值取向。"以人为本"是绿色建筑的根本出发点之一，这是因为包括绿色建筑在内的所有建筑，都是人的实践活动的产物，其目的是创造一种"以待雪霜雨露"的适宜生存的人工环境。所以，无论是何种建筑，特别是绿色建筑，都必然是以人为根本出发点的。但是，我们还应当清醒地意识到，绿色建筑不能仅仅以人为出发点，同时也要将维护生态系统平衡作为根本出发点。这正是绿色建筑与一般建筑在根本理念上的重要区别。

2. 绿色建筑坚持"以人为本"的基本要求

从绿色建筑的角度来看，"以人为本"应包括两方面的要求：其一，绿色建筑必须以人的生存为本，"宅者人之本，人者宅之主"，绿色建筑必须把人的生存和满足人的基本需要作为根本的出发点和归宿；其二，绿色建筑必须以"住有所居"或"居者有其屋"为本，即以满足所有人为本，特别是低收入者和贫困人口的居住需要，"实现人人享有适当住房"，离开对最广大人民群众居住需要的满足，绿色建筑是没有意义的。

（二）诗意安居 —— 绿色建筑追寻的永恒理想

1. 安居与诗意安居

生存是人类存在的第一要务，安居则是人类基本的生存方式，首要的便是要有房子居住。居住在房子（建筑）里，也就成为人类存在的一个本质特征。因此，安居就成为人类生存追求的一个永恒目标，这也就必然成为绿色建筑所首先建构的一个基本的价值理念。

安居具有层次性。第一层次是在物理学意义上满足人生存的生理需求，即我们通常所说的避风挡雨的场所。第二层次是在社会学层面上满足人的生活需求，于此不仅可以"安其居"，还可以"甘其食，美其服，乐其俗"，以及从事生产交际等社会性活动。第三层次是满足人精神情感的需求，这是处于审美层面的安居。当然，就层次而言，安居自然可从不同的理论视野分为更多层次，就像亚伯拉罕·马斯洛将人的需求分为生理、安全、归属和爱、自尊、自我实现、审美等。为更加概括与方便，我们将安居分为如上三个层次。当然，就安居而言，这三个层次间又有着诸多的交叉或交汇之处，其中有着诸多的内涵。

绿色建筑价值观念之建构，均包含着上述人之安居三个层次的内涵。绿色建筑自然首先要满足人的生理需求，正如马丁·海德格尔（以下简称"海德格尔"）所言，安居之意，首先体现在为人提供一个"庇护所"，满足遮风避雨、抵御自然侵害和繁衍生息的要求。因此，绿色建筑与一般建筑在价值意义上是相叠加的。绿色建筑的价值观念建构在第二个层次上，与一般建筑之间存在着诸多的差异性。这种差异性不在于满足上，而在于如何满足及以什么样的角度去满足。这一方面，有关章节已做详细论述，在此不再赘述。其根本点在于对自然的基本立场和人与自然关系的处理上。与此同时，如果说一般建筑更多考虑社会性需求，那绿色建筑则不仅如此，还强调人之道德情感等精神方面的需求。在第三层次，绿色建筑之思想观念，更符合海德格尔"诗意安居"的哲思。一般建筑并非不讲审美需求，而主要是在技术和形式层面去理解建筑之审美特性及其对人需求的满足。绿色建筑之人文理念，在审美价值内涵的建构上，强调自然美与人文美的融合，强调精神文化与生命情感在建筑上的融会建构，即在物我同境的建构中，实现人与物的同构与超越，从而进入审美境界。可以说，"诗意安居"，基础是居，重要的是居中"诗意"的实现。

"诗意安居"，可视为人类在居住上所追求的最高境界，体现的是精神情感价值。安居，当然与居住的空间结构有关，如居住的面积、空间结构及建筑的材质等。但更重要的是，它与人的精神情感有着更为内在的关系，甚至可以说，这就是一个人的内在精神情感及其价值建构在建筑问题上的体现，即建筑价值通向人类生存最高境界——审美境界的通道与目的地。

就现代而言，重要的不仅是对"诗意安居"的憧憬，更重要的是怎样才算"诗意安居"，如何才能"诗意安居"。在此，我们认为绿色建筑是人类通向"诗意安居"的最佳渠道。从安居对于人存在的生命情感、精神文化方面的价值角度来探讨建筑的审美价值。首先需说明的是，这里所说的审美价值，绝非仅仅局限于形式表现层面，更为重要的是指向文化思想层面。这是因为，"人类的思想、时代的精神常在建筑中作具体的表现""凡建筑，总是为某种社会事业的实用而造，故建筑与事业有表里的关系"。

第三节　现代建筑实践中的人文内涵分析

一、人文苏州：艺术自然、演绎和谐

在苏州的规划中，古城的职能定位是文化、旅游和居民居住。在古城之外，新城区承担中心城市的职能，包括商务、交通、物流，现代工业则集中在工业园区。

明晰的城市职能分工，分解了古城的人口压力。自20世纪80年代以来，苏州政府严禁在古城及其附近兴建高层建筑，把古城划成54个街坊，严格按规划改造修复，并修复古城里的100多座古建筑。从源头切断污水直接排入河流的途径，同时从太湖和长江引水，引进生态理念治水，使古城水质达到景观水标准，使"三纵三横一环"水系全部流动起来。

苏州市走出了一条依托世界遗产，弘扬经典建筑文化，依靠理念创新，实现可持续发展的新路。

（1）以进入世界遗产的古典名园为中心，全面展开对所有历史名园的修复性保护。从总体上维护了苏州园林的完整性和真实性，为苏州古典园林的可持续发展创造了重要条件。

（2）深入进行挖掘性保护。一些"隐性"的文化内涵得到显性的物化表现，拙政园再现了明代文徵明所绘《拙政园三十一景图》，沧浪亭重现古代珍贵遗迹。保护世界遗产成了深入人心的公众道德。

（3）在建设中加强外环境保护。结合古城改建，加强了古典园林周边的环境保护，每个园林外围都增加了一个大保护圈。

（4）实施网络化接轨性保护。用最现代的科技手段，构筑数字化管理最独特的古典私家园林，这是现代化的苏州保护古迹的又一个创新之举。

（5）总结提炼传统建筑文化。鲜明的地方语汇和符号，珍贵的人文精神、生态审美意识，生动灵秀的建筑意匠，精湛的环境营造技艺，有机结合新材料、新工艺、新技术、新结构，满足老城改造、新城建设中乡土建筑现代化、现代建筑乡土化的新功能需求。

二、西安新唐风：传统与现代的结合

从哲学思潮来看，现代城市建设体现了科学主义思潮和人文主义思潮的汇合。越来越多的建筑师认识到现代城市艺术的最大特征是综合美。这种美具有多元性和多层次性，其最重要的特性是和谐。优秀的建筑应该促进人与人的和谐、人与城市的和谐、人与自然的和谐。"和谐建筑"的理念包含两个层次。第一个层次是"和而不同"，第二个层次是"唱和相应"。在国际化的浪潮中，一方面，"和谐建筑"理念勇于吸取来自国际的先进科技手段、现代化的功能需求、全新的审美意识；另一方面，善于继承发扬本民族优秀的建筑传统，凸显本土文化特色，努力通过现代与传统相结合、外来文化与地域文化相结合的途径，创造出具有中国文化、地域特色和时代风貌的和谐建筑。

西安有深厚的唐代建筑传统，但遗存不多，张锦秋等一批建筑师在复原研究的基础上，做出有开拓性的仿唐建筑，开创地区唐式建筑之先河。西安陕西历史博物馆，体现复杂多样的现代博物馆功能，以简约的平面构图概括表现传统宫殿建筑群体的"宇宙模型"，以"轴线对称，主从有序，中央殿堂，四隅崇楼"的章法，展现恢宏的气势，注重诸多传统因素与现代因素的结合，体现古今融合的整体美。西安大雁塔风景区唐华宾馆、唐歌舞餐厅、唐代艺术博物馆，运用传统空间和园林手法，发掘唐代建筑形式，并使之与现代化的公共建筑功能、设施、材料等结合起来，形成西安地区特有的"仿唐"建筑，是西安建筑继承传统、注入现代性的共同成就。

新唐风建筑创作的探索大体分为三种类型：①现代建筑创作的多元探

索；②在有特定历史环境保护要求的地段和有特殊文化要求的新建筑中创作；③古迹的复建和历史名胜的重建。在传统方面，侧重于环境、意境和尺度；在现代方面，则侧重于功能、材料和技术。

1. 盛唐故事"曲江新区"

今日的"曲江新区"是西安市政府为整合旅游文化资源而新设立的一个经济区域，遗址公园有青龙寺、曲江池和唐城墙遗址公园。而真正体现西安创意的文化开发，当属由张锦秋担纲设计的唐风建筑主题公园——大唐芙蓉园，其于 2011 年被评为国家 5A 级景区。"大唐不夜城"为市民提供文化艺术和休闲生活的场所。曲江新区以西安曲江国际会展中心为核心，建成会展产业集群和商务港。

据统计，《全唐诗》收入的 500 多名诗人中一半以上曾吟咏曲江。现在的曲江新区已经形成以盛唐文化为特色，以旅游、文化、商贸、居住为主导产业的城市新区。2007 年，国家授予曲江新区"国家级文化产业示范园区"的荣誉称号。

西安解决文化遗产保护与发展问题的曲江模式要点如下。

第一，现代城市如何在空间上满足人们的回归感。曲江模式在景区建起规模巨大的广场，恢复了大型水景园林，政府为市民提供富有创意的大型公共空间，使市民的历史自豪感、文化认同感和地域精神得到回归。

第二，现代城市文化创意产业能够改变增长模式。文化是经济发展的重要组成部分，文化也将是世界经济运作方式与条件的重要因素。曲江模式是指区域内体现盛唐文化风貌，完成的是"盛唐故事"，满足的是"城市记忆"。曲江新区在会展、影视演艺、出版、广告等创意方面也全面介入。一个文化开发区的能量正在极大地释放。

第三，历史文化名城可以有保护地开发，留有余地。小雁塔、西安博物院和公园三位一体设计作品，突出小雁塔的主位，优雅壮观的博物院的位置被处理得十分收敛。大明宫的含元殿是中国宫殿建筑的杰作，异地复建，以满足人们对盛唐想象的需求。

有人批评西安花大量资金建仿古建筑，不如搞旧城的街区保护。张锦秋认为，旧城要保护，仿古建筑也要建：一是营造城市特色，改变"千城一面"；二是历史文化传承需要载体，不能把一座城市当成一件文物来对待，该保护的要保护，但不能什么都不改变。

西安市"唐皇城复兴计划"有这样一段结语："历史西安，唐城的意象已远，但它辉煌、伟大与多元的文化内涵，仍深刻地影响着现代西安与未来西安。也许，这是西安的最后一次机会，最后一次重返世界中心的机会。"

2. 新唐风民居群贤庄

1993 年，西安市对老城区的古旧民居进行过一次全面普查，选了 30 余处具有历史文化价值的传统民居并发文予以重点保护。7 年后，这 30 处民居所剩无几。专家忧虑，传统民居作为历史文化名城的重要组成部分，一旦拆毁将永远不能复生，这样做无异于拿传世字画当纸浆，把商周青铜器当废铜。

旧城改造和房地产开发对西安古城造成了难以挽回的破坏，甚至超过了自然的风蚀和战争的摧残。西安市按照建造面向 21 世纪的中国现代住宅的要求，力图在大城市中营建具有良好居住性能的绿色家园，在更全面地提高住宅性能、更大幅度地改善住宅装备、更合理地增加住宅功能、更明显地改善住宅环境、更有效地延长住宅寿命五个方面，新唐风民居群贤庄进行了有效的探索。

群贤庄的设计重点考虑之处如下。

①适应居家生活的套型。根本之点是突出"以人为本"，吸取我国传统四合院住宅内外有序、动静合宜的布局精神。

②节能、环保、智能化。

③具有中国情趣的绿色家园。结合基地条件，绿化景观设计与建筑设计自始至终密切结合，设计吸取了中国传统城市里宅旁屋后园林的设计经验。在总体布局上，设置了中心花园、环岛花园、后花园三个大型绿化环境。

④体现城市文化特色。群贤庄位于盛唐长安王公贵族、文人雅士聚居的群贤坊遗址之上，人杰地灵，文化积淀深厚。这座现代小区沿用了"群贤"之名，有意寻求小区的风格取向，使这群多层建筑在高楼林立的环境中独树

其个性的轮廓线，在暮色苍茫中与时隐时现的南山遥相呼应，有群山起伏之感。整个小区建筑群质朴、典雅而又显高贵，符合古城西安的基本色调和风格。建筑具有雕塑感与层次感，体现出现代的审美意识。

群贤庄住宅的造型没有用一个唐代建筑的符号，也没有其他的附加装饰，建成之后却被西安人认为是"新唐风"，这是取其精神的缘故。群贤庄值得探索、总结的成功经验主要有以下三点。

①住宅在城市中具有无可取代的重大的社会意义。居住环境有着倡导文明、愉悦身心的作用。城市中六成建筑是住宅，住宅的格局、风格、色彩的设计不能被看成是投资者或设计者的个人好恶，而是应该在创建和谐城市的前提下"和而不同"。

②一个住宅项目建设的成功，有赖于城市总体规划的准确定位、合理布局，有社会责任感和文化品位的投资者与有社会责任感而技艺精湛、任劳任怨的建筑师的密切配合，使城市地域性文脉传承、商品住宅差异化营销策略、建筑师富有特色的创意设计有机结合，合作双赢。

③细节决定成败。细节设计是建筑设计方案的深化和优化，是建筑文化的展现，是技术、材料、工艺水平的表现，同时也是工程质量的体现。

第六章　现代建筑创新设计实践

第一节　传承林盘空间特征的田园综合体设计实践

一、林盘的内涵

川西平原地域环境独特，拥有优越的自然环境，气候温和，寒暑宜人，加之都江堰便利的自流灌溉水利，为孕育极富地域特色的林盘文化创造了良好的条件。川西平原优越的地理环境，肥沃的土壤，加之降雨充沛，使之农业文明发达。同时，川西平原是四川农业经济的中心，具有深厚的历史文化底蕴，传承着传统的乡土文化。因此，林盘受川西平原独特的自然环境和乡土社会人文环境的共同作用，形成稳定的随田聚居、竹林环绕的平原乡村农家住宅，这些住宅大小不一、三五成群地分布在平坝上。

传统意义下的川西林盘内涵，就是川西平原自然环境与社会环境共同作用下形成的乡土社会的物质空间与生活载体，是地域文化与农耕生产生活方式一体的居住单元。因此，以农耕为主的传统生产生活模式与承载传统生产生活模式的物质空间载体共同构成了传统林盘，形成林盘完整的结构与机能。

二、田园综合体的概述

（一）田园

"田园"一词在新华词典中的基本解释有三层含义：第一层为字面含义——田地和园圃；第二层含义泛指农村；第三层泛指一种特有的风情，描绘或表现村民生活，尤其是以理想化和习俗化的手法，重在对自然的表现。田园的反义词是都市，田园一词代表着人们对自然美好环境乡村生活的向往，特别是现代城市中的人群精神生活中对回归乡土的热情与需求。"田园"一词在建筑领域可追溯到埃比尼泽·霍德华的《明日的田园城市》，霍德华认为应该建设一种兼有城市和乡村优点的理想城市，一种为健康生活及产业而设计的理想城市。理想的城市应兼有城与乡二者的优点，成为城乡结合体，即田园城市，使人们同时享受社会的关怀和自然的关怀。城市四周要围绕永久性农业地带，使城市既具有高效、便利、活跃的城市生活，又有美丽清幽的乡村景色。这是"一种全新城乡结构形态的伟大设想"，这是田园一词在城市规划中的出现，也代表着城市建设中对城市和乡村关系的思考

（二）综合体

综合体一般特指建筑综合体，城市发展到一定程度，建筑综合体随之形成，可作为城市中心，具有供市民购物消费、交流集会的功能，因此综合体是附属于城市的概念。"综合体"一词在建筑学领域，意味着城市中两种及两种以上的不同功能空间（商业、办公、居住、文娱、交通等）的有机组合。城市中的综合体建筑各组成功能之间有如城市各功能之间相互协调、共生互补的关系，内部包含城市公共空间，具有集约性、互补性、城市开放性和整合立体性。城市综合体空间复杂而统一，集约高效利用土地，具有相互协调互补的整体效果。因此，城市综合体是城市空间的有机化、立体化和多样化趋势的集中体现，是立体城市思想在现代城市中的延伸和重要表现。城市综合体的五个特征为：要素多样性、结构有机性、整合立体性、城市开放性、形态整体性。

（三）田园综合体

在本书中，田园综合体的含义，包括田园的地域属性和综合体功能属性，由双重含义组合而成。田园综合体中的"田园"明确了地域区位面向拥有优美自然环境的乡村，以整合农业资源和自然资源为主，以美好田园生活为目的的含义。而"综合体"明确了其复合多样的功能空间，功能之间有机协同，开放地面向城乡，并引入人的活动的含义。两者的兼容则形成以乡村的农业、土地、景观、建筑和乡土文化为本底，有机融入城市的产业构成模式、现代

生产管理技术、文明生活方式及文化生活理念等，形成多产业、多功能的综合体。

三、林盘与田园综合体关联对接的意义

川西林盘是成都平原乡村的人居建筑空间，林盘空间的现状代表着乡村建筑空间的现状，而田园综合体代表着乡村建筑空间新时代下的发展。林盘的问题和诉求反映着乡村建筑空间的问题诉求，田园综合体模式的探索和开发是对乡村建筑空间问题诉求的回应，因此林盘空间和田园综合体空间的相互作用，推动着乡村建筑空间的传统延续和需求创新。

四、传承林盘空间特征的田园综合体建筑设计

（一）外部空间环境设计

1. 空间布局有机组合

田园综合体对农业氛围的营造，有利于人在其中的游览并获得良好的乡野空间体验。从整体空间布局规划上，应考虑营造乡土氛围。田园综合体主要分为居住生活区、综合服务区、休闲娱乐区、农业生产区。各个区域功能相互联系的同时，合理组织其布局方式，满足游客居住、娱乐基本需求，兼顾农业生产及其田野氛围的营造，保持各个部分相互独立又相互联系，是空间布局的基本原则。

田园布局主要分为以下三种形式：田园织底式、田园嵌入式、田园独立式。

（1）田园织底式。

田园织底式一般尊重自然田园肌理布局，在原有田园格局的基础上，整合布置各个功能区域，使田园景观整体融入其中。

林盘式以田园为图底，充分利用大地景观，游客民居置身其中，全方位欣赏到田野景色，内部的农业氛围不易受外界干扰，即田园综合体内部构建了一个集休闲娱乐、居住生活、农业生产于一体的乡野人居环境。

（2）田园嵌入式。

田园嵌入式，顾名思义就是将田园生产区域嵌入各个功能分区之间，分割式布局，适合用地不规整的田园综合体。农业生产穿插在各个区域之间，形成不同功能板块疏密有致的组合，使各个区域均能享受到农业生产景观，也使各区域建筑外部空间与田园环境充分结合，增强游客的空间趣味体验，使游客更易沉浸于农业环境的氛围中。

（3）田园独立式。

田园独立式将各个功能区域进行独立设置，并不相互交织连接，通常通过道路组织将不同的功能分区以路径相连。每一个区域的功能设定都较为明确，互不干扰，田园生产以独立区域的形式存在。大片的田园既承担综合体中的生产任务，又形成独立的田园景观。

2. 道路组织起承转合

交通道路组织在田园综合体中应与农业景观充分结合，其中应注意三点要求：第一，园区路网格局要尊重场地内纵横阡陌的田野肌理，顺应田园乡土的特征；第二，道路联系各功能区域，联系建筑和农业景观，给人以合理的观赏体验；第三，交通组织应融入整体田园乡野环境，其路径起承转合营造出移步易景的空间变换。因此，田园综合体的路径在合理构建，并完成其基本交通组织功能的同时，应与田园景观充分结合，营造出具有田园氛围的动态流线。

（1）道路组织结合农业景观空间。

田园综合体中空间序列的建构，就是动态的景观观光过程，各个农业景观展示空间形成连续的、有节奏的、协调的空间。因此，道路的组织应积极串联起农业景观空间，同时主次干道等道路串联组织各个功能分区及其相应的农业生产和农业体验景观，根据调研总结，主要有以下几种串联组织形式。

①一字式的排列形式，道路具有指向性，各个功能分区较为明确，不同的空间变化一目了然，流线简单，不易交叉，连续性强。

②迂回式串联形式，道路易与农业景观形成互动的关系，随着道路空间的变化，移步易景，流线较前者复杂，但多了乡野乐趣和田园体验。

　　③组合式的组织形式，道路结构较为复杂，景观与道路可灵活组合形成多样的组织形式，对地形不平整、用地不规整及用地规模较大的区域具有较强的适应能力。

　　三种形式各有优势，但迂回式更易形成浓烈的农业氛围。

　　川西平原的田园综合体，地貌平坦，用地范围较大，受地形限制较小，空间布局较为自由，同时考虑到游客游玩体验的空间感受，道路形式也不过于拘泥，道路常采用迂回的形式。迂回的路径空间可追溯到川西林盘中的乡间小路，在林盘中迂回的路径空间串联起农田、林地、菜园、宅院、沟渠、池塘、庭院等变化丰富的农业生产景观，这些场景空间就是乡土记忆的存在。乡野小路的曲折流转易唤起游客的乡野记忆，置身其中可体验到引发情感共鸣的乡野场景。因此，田园综合体的路径打造在合理丰富的同时，须有意识地打造乡土精神空间，串联起丰富变化的农业景观，将人们带入具有当地乡村生活氛围的空间，场景的变化唤起乡土共情。与此同时，迂回的路径形式意味着连续的道路需要结合景观要素，形成开合变化、收放自如的路径空间序列，通过尺度的变化，结合局部景观节点，配合空间节奏的处理，打造层次丰富且具有活力的连续变化路径空间。

　　（2）路径融入农业景观空间中。

　　田园综合体中，主次道路骨架起串联功能，景观小道与田园小路等则融入乡野场景，乡间路径的空间和尺度，能唤起人们对当地生活的回忆，也是最真实的乡村野趣。因此，路径自身的景观性也作为乡村景观的表达内容融入其中，以乡村小径为原型的田园综合体道路空间，是乡村环境的载体和展示窗口，以步行为主要交通方式，其尺度和空间形态应紧凑而适宜。

　　融入乡野景观中迂回的路径空间，适宜的空间尺度具有亲切感，让人身临其中，而路径交叉转折与节点的布置，又营造出行走的节奏感，其中收放的节点空间吸引接纳人流，让人驻足。例如，在成都大邑安仁天府林盘的景观空间中，路径设置局部放大成为休憩驻足空间，可让人切身体会乡土农业氛围。

3. 农业景观层次丰富

景观是现代建筑外部空间不可缺少的部分，景观在美化环境的同时也能营造氛围。不同于其他建筑的景观打造，田园综合体的外部空间环境为营造更好的乡土农业氛围，需处理好景观层次，通过不同的景观打造，使乡土氛围渗透在整体空间环境中。外部空间的农业景观设计将农业生产和景观生态相结合，用现代适宜技术共同完成，可分为作物景观化种植和农业符号的运用的景观意向。

（1）作物景观化种植。

作物景观化种植所呈现的是具有功能性的生产景观，传统川西乡村的种植不仅是大地平面上的农田种植，在林盘聚落中，各家各户通过棚户、院墙、栅栏和院坝也进行垂直上的蔬果种植。因此，多层次的农业景观能唤起人们的乡土记忆，营造独特的时空特色和独特乡村景观的生态氛围，这也是在以田园为主题的田园综合体中景观打造的独特性所在。作物景观可分为四个层次来设计，即水平面的作物景观、垂直面的作物景观、顶界面的作物景观及与建筑物紧密结合的作物景观。

①水平面的作物景观。

水平面的作物种植，一方面作为农业生产区域的田园种植，满足农业基础产业的需求和人们农业体验的需求；另一方面，作物作为景观面呈现，满足游客的乡土游乐的体验。例如，大片的稻田、花海等呈水平向展示，须着重考虑其作物景观类别的多样性，以及季节交替、时空转移等变化因素所带来的不同视觉效果。

②垂直面的作物景观。

垂直面的竖向作物离开大地，往往与建筑相结合。在传统林盘中，垂直面的绿植景观常与生产作物相结合，如瓜果、藤植置于墙面、屋架等进行竖向种植，为颇具地方特色的作物景观画面。这些作物景观既可作为建筑物的景观装饰，软化建筑界面，衬托建筑色彩，又可体现朴实的林盘乡土生产气息，营造出浓烈的乡土氛围。

田园综合体中的垂直种植，可以利用立体空间，提高土地利用率。同时，垂直面绿化景观既是对传统农业生产生活气息的传承，也是现代农业技术和生态农业相结合的展现。

③顶界面的作物景观。

顶界面的作物景观可将农业作物大量覆盖于廊架、攀爬长廊等区域，在丰富空间层次的同时具有良好的景观视觉效果，使游客身临其中，得到良好的乡土生态趣味体验。

④与建筑紧密结合的作物生态景观。

建筑与垂直种植相结合，在具有生态意义的同时，构成田园综合体中的一道生态农业风景。建筑屋顶可作为顶界面种植，与大地形成整体绿化。利用建筑周边空间打造果园和生态绿地，形成种植示范。

（2）农业符号的运用。

农业符号的运用是将农业主题抽象化的表现，农业符号化是对田园综合体农业主题的回应，也是对农业氛围的点缀。农业氛围不仅仅需要靠建筑与环境空间的营造，在建筑与环境设计中运用符号的抽象化设计也是加强乡土氛围的关键。农业符号主要可分为融入建筑设计的农业符号和融入景观设计的农业符号。

农业符号可与建筑设计结合，运用于建筑体本身。农业元素在建筑上的表现需要将农业符号抽象以意境化表达，尤其在田园综合体的建筑中，根据所需要传达的农业意境，有机地将农业元素纳入建筑形式的设计范畴。田园综合体建筑属于现代乡村建筑，应根据现代建筑设计的理念手法及审美，将农业符号以多元的形式融入建筑。例如，无锡田园东方的田园生活馆，建筑外立面为镂空设计，采用穿孔铝材质贴附于玻璃幕墙的双层表皮，阳光投射下形成斑驳的桃花意象效果。该建筑立面的处理与光影下形成的视觉效果，良好地回应了当地的桃花资源，营造了桃花主题的氛围空间，将当地的桃花产业用抽象的方式展示于游客面前，在具有趣味性的同时强调了农业基调，也进一步将新建筑融入本土环境。

除了建筑设计应考虑纳入农业要素，外部景观环境的设计更应该注重对农业元素的合理运用。景观环境中对农业符号的运用可在景观小品、设施等微观要素的设计上集中体现，提取本土的特色农业资源进行抽象化的景观意象表达，增加外部空间环境的乡土农业氛围。例如，利用场地中废弃的农业材料，稻香渔歌田园综合体用稻草、藤条搭建景观平台，使人们置身其中，体验到浓烈的农业氛围。又如，大邑安仁林盘庄园的竹园，利用园区盛产的竹材角料，编制休憩座椅和休憩的景观小品空间，通过景观小品与人的互动增添乡土趣味，良好利用竹材这一农业符号，也与周围的竹园主体环境相得益彰。

（二）建筑布局设计

田园综合体中往往是不同功能形式的建筑组合，分布于各个功能分区，与环境相适应，具有多样的建筑布局形式。而传承林盘中建筑与环境的生态融合，首先应考虑建筑的布局形式，在尊重其布局形式的基础上，进一步契合景观环境。

1. 合理的建筑布局

田园综合体中的建筑布局有多种形式，根据调研总结，可分为自由散点式布局、集中式布局、组团式布局和排列式布局，具体布局方式见表6-1。

表6-1　建筑布局方式

布局方式	布局特点
自由散点式	在不同的功能分区内常以独立单体建筑出现，建筑之间通过合理的线路串联起来。建筑可设计独特而具有标识性，也可与景观相融
集中式	建筑集中可集约化利用土地，有利于内部高效空间组织，建筑功能达到统一性和整体性。尤其适用于田园综合体中的田园社区等居住组团类建筑
组团式	兼顾节约土地和合理功能布局的优势。具有因地制宜、布局灵活自由的特点，可形成具有一定规模的建筑组群
排列式	常根据地形排列，沿自然景观或道路展开，常具有相同的功能形式，具有一定的韵律，形成独立而重复的线性空间序列。

2. 契合景观环境

不同形式的建筑布局在田园综合体中，根据其布局的特点与外部景观环境，通过不同的组合手法相契合，可使景观渗透于每个功能分区和建筑布局。

（1）自由散点式布局的契合。

自由散点式建筑布局下，外部景观环境可穿插式布局于建筑之间，此穿插式布局形式将建筑充分置于外部景观环境中，景观布置随建筑布局、建筑形式的变化而变化，较为灵活。建筑与环境的互动契合，有利于丰富建筑空间，建筑外部空间与乡野环境最大限度地融合，建筑内部也可享受到尽可能多的自然乡土景观，带给人更好的建筑—环境空间体验。

（2）集中式布局的契合。

集中式布局内部各功能组成部分具有更紧密的联系，人群在建筑组团内部的交流大于建筑与外部景观的交流，如各个田园综合体中的田园社区（居住生活区域），建筑集中布局，体量统一，建筑组群内部交流颇多，有利于营造田园社区内部的居住氛围。同时，为建筑组团提供更纯粹的外部环境，适宜将田园乡土景观渗透整个布局外部，类似于林盘外围农田、内置宅院的组团。这种外围式营造手法，将建筑嵌入景观，大部分游乐、生产活动结合农业景观，围绕建筑进行，可形成社区式的生活生产氛围，且不受外界干扰，犹如绿岛，整体农业乡土氛围浓郁。此类生活生产环境与活动相互交融的形式，更具有川西乡村建筑空间中的传统林盘居住色彩。

（3）组团式布局的契合。

组团式建筑布局自由灵活，又呈现一定的围合中心、组合节点和规律。外部景观环境的营造可根据建筑的布局方式，渗透组团空间，用景观打造处理手法，在各个组团中心或节点形成自然乡土景观，由此强调建筑与景观环境的关系，可使建筑与环境更融洽地结合，平面组织适宜而又具有韵律，以形成渗透式的交流互动。

（4）排列式布局的契合。

排列式的建筑布局一般利用地形或自然环境，建筑在排列中考虑环境的影响，外部环境景观可顺应建筑的排列布局和地形进行布置。顺沿式布置方式让建筑、农业环境和场地融为一体，浑然天成，形成自然而乡土的环境氛围。例如，川西平原的边缘丘陵地带，具有独特的梯田农业景观，建筑布局其中，

回应自然环境，又营造乡土氛围，使建筑隐匿于环境之中，更丰富人的田园
体验。

3.演绎林盘布局模式

田园综合体中的群组建筑以居住生活类型的田园社区为主，田园社区是
田园综合体中的重要组成部分，即田园综合体的居住生活区域。有人的地方
才有居住和生活，有居住生活的地方才更能吸引人驻留，因此田园社区实质
是面向不同人群的乡村集中居住空间。田园综合体中的田园社区是在自然乡
土环境中注入的新的生活场所，它既可保留乡土记忆，又带有新的居住生活
色彩，满足不同人群的需求。田园社区常以集中式组团形式存在，首先集约
用地就是非高层建筑设计中着重考虑的一大因素，其不仅可以减少建设投资，
也避免过分侵占自然环境，从而有生态环保的效果。川西地区传统的林盘就
是乡村聚居建筑与环境空间生态融合的典范，因此田园综合体的田园社区更
被看作传统林盘的空间延续，并植入新的生活生产功能。在川西平原田园综
合体中，田园社区聚居空间常传承、借鉴传统林盘的空间与环境融合的构建
经验，结合时代的理念，打造新概念下的林盘田园聚居空间。

（1）田—林—水—宅空间层次创新再现。

传统林盘中，建筑与环境生态融合，首先表现为田—林—水—宅的空间
层次间的相互渗透，田园社区在对传统林盘空间层次田—林—水—宅进行直
译的基础上，可根据各自的定位和空间需求进行创新表达，主要在层次空间
上，由闭合的空间层次向开放的空间层次转变。田园综合体中，田园社区的
田—林—水—宅的层次不再层层闭合，而是在一定程度上面向田野环境开放，
加强建筑与外部田野环境的互动交流，以获得更大的景观视野。

（2）建筑组合多元变化。

在建筑组合上，汲取林盘的建筑肌理和尺度，以还原林盘布局的空间味
道。田园社区的建筑布局通过科学合理的规划，使建筑组合更加多元化，将
传统的布局经验和新的布局理念、手法相结合，形成更宜居、空间层次更丰
富的田园社区建筑组合空间。

①科学合理的组合手法。传统林盘中建筑组合自由而灵活，不拘一格，

并没有严格意义上的坐北朝南、负阴抱阳，而是以通风为主。因为林盘传统建筑组织与景观融合的方式，有利于内部通风，在林盘内部形成微气候，以形成林盘的环保生态居住模式，但缺乏科学规划，造成一定的资源浪费和局部的生态不足。基于林盘中建筑适应环境气候的组团布局方式的相关经验，结合科学合理的建筑组合手法，可以改善人居环境。

②空间形态更丰富的组合形式。田园社区的建筑组合不再一味效仿传统林盘中低矮的平房民居，以及固定尺度的道路空间。传统的空间尺度固然宜人，但过于均质的建筑空间已不再符合现代的审美和多元功能化的居住需求。建筑体量、高差、建筑之间的间距及建筑层数等，都在建筑组合上使整体的空间形态更为丰富。

（3）院落空间多层次整合。

传统院落的空间形式较为单一，而在田园综合体的田园社区中，建筑体量、形式和功能的变化，以及路径、节点等的合理规划，使得院落空间呈现新的形式，即更丰富的院落布置和多维度的院落形态。

在平面组织上，院落空间主要可分为建筑内部私密性庭院空间、建筑外部半公共院坝、建筑组合而成的共享性公共院落。在垂直维度上，有空中院落、下沉院落等不同标高维度的院落形态。

（三）建筑空间形式设计

田园综合体中的建筑空间形式，通过建筑自身的设计，传承传统林盘建筑形式语言，以更好地融入环境，传承林盘建筑与环境融合的精神，在体现地域形式特征的同时，具备环境适应性。其主要表现为适宜的建筑体量、融入环境的空间形式及传统形式的转译重构。

1. 适宜的建筑体量

田园综合体中的建筑在体量上借鉴林盘建筑适应环境的尺度，有别于城市中的建筑体量，宜采用适宜的体量来协调环境，达到建筑与环境的和谐。传统民居建筑就算需要建设大体量的建筑物，也常被分解成多个小体量的单体，通过院落组织等手法联系起来，成为适宜环境的尺度。过大体量的建筑物并无亲切感，适宜人体尺度的空间体量更有利于人与自然环境的交流和融合。而适宜的建筑体量可准确表达建筑对周边景观环境的态度，较为低矮的建筑可与景观尺度相适宜，通过建筑与景观天际线的契合，有效地协调建筑与环境的氛围。因此，宜人的建筑体量能在尺度和比例上带给人亲切感，同时实现与环境的有机融合，表现出林盘建筑隐匿在环境中的意境。

2. 融入环境的空间形式

乡村的建筑长时间与乡村环境共生，受地域限制和自然的独特性影响，乡村环境对建筑的包容度远低于城市。传统林盘建筑从形式到建构特点，都体现了对环境的回应。田园综合体建筑宜用适宜的手法，回应传统林盘与环境的融合。

（1）弱化边界。

建筑的边界是建筑与外部环境接触的首要界面，建筑边界与周边环境存在形式、材质等属性上的软硬差异。传统建筑的边界，要么以取之自然的材料回应环境，要么利用充分的过渡灰空间回应外部环境，这些均起到软化边界的效果。软化边界，形成内外环境整合的边界空间，将建筑与环境之间进行过渡处理，更好地促进建筑与环境之间的融合。田园综合体建筑可通过加法弱化、减法弱化和绿色界面等形式弱化边界。

（2）植入环境。

田园综合体建筑置于乡村环境中，不应去破坏原本的环境生态，而应以一种谦逊的态度融入当地的环境。维持环境的连续性，将环境植入建筑，达到整体环境的连续，避免人工与自然环境的二元对立。植入环境的手法可分为建筑本身消隐于环境和建筑架空植入环境两种。

（3）空间渗透。

如果说以上两个层面是从物质形式上体现建筑与环境的关系，空间渗透则不限于外部环境与建筑之间的相互作用，而是加入了人在建筑中对空间环境的体验和感受，透过人的意识与情感表达，以建筑为介质，实现人与自然的交融共生。例如，在传统的林盘民居中，人们可以站在院坝中观赏周围的风景，可以坐在堂屋里感受前院的微风细雨、鸟语花香，甚至可以坐在后屋中透过前屋的屋顶欣赏周围的竹林。可见，在传统建筑中，不同建筑空间都能展现的自然风光，完美地演绎了传统林盘建筑空间的层次变化，呈现了建筑与环境的相生相融。因此，可以把空间渗透的分析分为视线的渗透和感知的渗透。

视线的渗透是人在使用建筑空间时最直观的体验，通过空间的设计，将外部景观资源纳入建筑，完成室内外视线的交流，保证人在建筑内也能与自然沟通，也能确保视线穿越、达到自然空间和其他层次的建筑空间。建筑中有自然、自然中有建筑，具有丰富的空间层次。传统林盘建筑空间的镂空窗、出挑屋檐及天井空间等都是加强视线渗透的有效手段。

感知的渗透就是整体建筑—环境空间的氛围营造，整合场地内的感知要素，营造出所要表达的意境。外部景观要素从不是恒定的、稳定的环境，会根据时间的流逝、气候的变化及自我的生长而发展改变。泉水的流动、花草植物的生长、自然天气的变化都会给处于室内空间的人带来不一样的感知，建筑与环境空间的营造，有利于将外部空间的动态画面引入室内，完成感知的空间渗透。

3. 传统形式语言的转译重构

田园综合体中建筑的建筑空间形式，其地域特征的"元"语言便是川西乡村的传统建筑形式，而建筑空间形式的延续，是适应新功能、新技术、新生活方式和新审美的传承，因此传统的形式在经过尺度和形式的转化后，适应新的功能形式。因此，下文论述以林盘建筑中具有代表性的空间形式语言即院坝空间形式、檐廊空间形式、大挑檐双坡屋顶形式在田园综合体单体建筑中的转译重构设计为主。

（1）院坝的转译。

院坝空间形式在田园综合体单体建筑中的转化运用，回应传统林盘建筑形式的同时，能合理调节活化建筑空间，成为建筑空间形式中的亮点。院坝的转译可分为院坝平面形态的异形变换、空间形态的延续渗透和自由布局的转化。

①平面形态的异形变换。例如，唐山有机农场粮食作坊，对院落空间平

面进行拓扑变换，将完整的院坝空间打散重组，院落由内至外延伸，由中心向四周拓展，使原本规整的院坝空间变为较为灵活且融入自然环境的庭院。由于有机粮食加工作坊本身具有特有的功能属性，即生产加工类建筑，因此院落空间也起到组织功能流线、辅助其他功能空间的作用。整体建筑的交通组织围绕内庭院形成工作游廊，室内外联系紧密，保证室内空间的采光、通风、观景等需求。同时，多层次的院坝也起到传统晒坝功能，成为新的粮食加工坊中的晒场。

②空间形态的延续渗透。例如，上海华鑫中心，四个单体围合成通高的室内中庭，界面材料较通透，与周围环境相融合，内部院落空间形态变换，通过路径进行空间延展，又通过建筑界面与外部完成渗透交流，引入外部的风景和自然光，使空间内外交融。

③自由布局的转化。自由布局表现为院坝空间不再单独出现，通过多个院落空间的组合嵌套，形成层次丰富的空间。根据不同的使用功能、设计要求及场地地形条件等，将院落进行灵活的分布，可分为平面的自由布局和垂直的院落自由布局。

（2）檐廊空间的转译。

林盘民居中的传统檐廊空间具有确定的功能形式，固定的尺度不一定适用于田园综合体的建筑。应通过空间的转译表现，在田园综合体中继承传统意境。

檐廊空间本身就代表着室内外的过渡，在现代建筑中被定义为灰空间。林盘民居中的大挑檐是建筑形式语言的显著符号，田园综合体建筑对檐廊空间的语言进行转化传承，更加具有显著的地域乡土特色。例如，中国美术学院象山校区的设计，将传统的檐廊空间以外挂的形式变为建筑外界面的构件，再通过路径的延展、标高的变化完成廊空间的拓扑变化。连续而转折的协调空间节奏，形成丰富的路径空间序列，一改传统檐廊空间的单调。人行走其中，可以感受到空间的变化，极具趣味体验。又如，"道明竹里"中，参数化设计和预制钢结构将原本规整的林盘民居大挑檐形式，转变为流线型圆弧屋顶。向内盘旋变化的屋面下形成连续变化的檐廊空间，一改传统民居中统一的檐廊空间形式。

（3）屋顶语言的转化。

以传统川西民居双坡大挑檐屋顶形式为原型，通过不同形式的延伸变形，转化为具有时代特征的田园综合体乡土建筑空间形式语言。

（四）适宜性技术设计

1.乡土材料的演进更新

（1）乡土材料的新演绎。

传统材料赋予建筑以大地的衷情、历史的沧桑、生命的活力和人性的温暖，是许多现代技术与材料无法企及的。另外，传统材料还具有便于与周围环境协调，易于使用传统工艺和雇用当地工匠等优点。乡土材料由于其地域属性，更适宜于自然乡土地区，但传统的乡土材料不一定完全适用于此类地区的新建筑。正如川西乡村的田园综合体建筑，难以再用传统川西乡土形式去表现传统乡土材料，而需要对乡土材料进行全新的演绎，以满足新的功能需求和审美理念。通过现代建筑的形式手法、技术手段来探寻传统林盘乡村建筑材料的新形式，有利于同时表现材料的地域特征和时代特色。

传统乡村民居中的乡土材料离不开地域因素。例如：水域发达地带多运用砂石材料；平原地带多运用木材；丘陵山区地带多运用岩石、煤瓦资源；等等。川西平原的气候特征、地理环境和自然条件都有利于众多自然乡土材料的生长，这些自然材料资源是川西民居建筑的建造基础。而传承了林盘文化的田园综合体建筑，在建筑材料的选择和运用上，不可忽视传统乡土材料就地取材的经济优势、与本土自然环境不可分割的紧密联系，以及传承地域传统的文化价值。更重要的是在合理利用传统林盘乡土材料的同时，融合新的技术手段，进行乡土材料的全新演绎，使其发挥出最大的价值。在此，乡土材料新的演绎主要可分为旧材新用和移形换位。

①旧材新用。旧材新用意味着对传统的建筑材料，利用新的技术手段，使其展现出新的用途和形式。组合不同的现代技术往往能使传统的乡土材料具有更好的力学性能，甚至改变其内部结构，有利于适应现代的施工技

术和结构需求。例如，在碎石的利用上，可通过模块化浇筑，将砂石通过模具装成块材，这样堆砌更为便捷。又如，在木材的利用上，使用现代钢结构、桁架结构体系思路，在木材的连接和搭建上表现出新的时代化的受力特点。

何陋轩由冯纪忠先生设计，其主要功能为公园内的休闲茶室，为小型公共建筑，以"轩"为主题，表现出对传统建筑文化的回应，因此其主要使用的材料为竹木及茅草。然而，使用传统的原始的建筑材料，在遵循部分传统建筑营建方式的基础上，更大的亮点是使用现代的结构。整体结构采用竹木构架，使用钢材质在原本榫卯节点处进行连接加固。原始毛竹采用统一尺寸标准，以现代桁架受力特点对竹木的梁柱结构进行接合。整体使用传统竹材料传来达现代的结构建造观念，是旧材新用的典范。

②移形换位。在传统川西民居中，不同的材料本身都有其特定的使用途径，以及存在的特定位置。而现代建筑在设计理念上开始尝试突破这种约定俗成的限制，同时技术的不断进步也在很大程度上为突破提供可行性。在乡土建筑的实践中，建筑师开始不断尝试改变乡土材料的本来位置而呈现出全新的效果，随着乡土建筑的实践与理论的发展，这种尝试也变成了设计手法的一种，使新建筑具有较强的乡土表现力。

位于新津的知美术馆，设计师隈研吾将整体建筑的亮点集中于展现当地的乡土建筑材料——灰瓦。灰瓦是本土乡村的传统林盘建筑中最常见的屋顶材质，且仅用于屋顶的构建。大量的灰瓦可就地取材，方便施工，同时结合本土的烧制加工工艺，使整个建筑极具本土乡土韵味。知美术馆将瓦片运用于建筑的外立面，通过排列组合大面积地展示建筑的表皮，实为最大限度地表现出材质的移形换位。瓦片似表皮又似构件的呈现，与玻璃幕墙相结合，瓦片间隙使阳光投进室内，营造出瓦片形状的独特光影效果，虚实相间，给人以丰富的光影体验。瓦片与玻璃就是传统材料和新材料的对话，通过对传统材料的换位表现，完成对传统的传承和时代的创新。

（2）新材料的乡土演绎。

新的材料不断出现，代表着新的结构性能和审美。田园综合体建筑从乡土中来，却具备着城市和现代的视野，新材料的应用便发挥重要作用。直接在乡村的土地上使用新材料，难免显得突兀，使用乡土的方式和建构语言对其进行转译和乡土演绎，才能赋予材料以地域内涵。例如：将钢结构作为屋架，但仍遵循传统穿斗构架形式；用新金属材料取代瓦，但仍然遵循传统坡屋顶的形式，甚至以新的材质模拟楞条式的瓦屋顶细节肌理。这些都诠释演绎了现代建筑材料以传统的乡土形式回应传统、传承传统。

（3）新旧材料的对比融合。

现代建筑深入乡村，就地取材的乡土材料和玻璃、钢等新材料形成局部与整体的对比和融合，给人耳目一新的感觉，新旧材料形式的强烈对比更能碰撞出传统与时代的火花，对立元素达到动态的平衡，更能带来强烈的乡土体验。例如，四川美术学院虎溪校区图书馆的材料选择，基于传承与创新的构建逻辑，融合了新旧材料，建筑外表面选择传统粘土砖和玻璃的组合，传统青色黏土砖的乡土性与玻璃材质的现代性形成对比，使建筑外立面的设计呈现出十足的表现力，也具有一定的乡土韵味和时代感。而在建筑内部，采用清水混凝土和暖调木材质的对比构造，材质的差异化更营造出内部肃静而又温暖的氛围。

2.技术的传承与引入

（1）乡土技术的改进。

川西林盘民居的营建大多是本土工匠遵循传统的工艺传承和经验积累构筑而成，但其营建技术如今已大大落后于现代建筑技术水平，难以满足更多元化的空间需求。因此，传统的乡土技术只有发展改进，方可运用于新的乡土建筑中。只有对乡土技术中的精华进行抽取与提炼，再结合现代的技术与手段加以改进，才能重新赋予那些过时的技术以新的使用价值。乡土技术汲取乡土建筑经年累月的经验，已经形成一套完整的建造方法与技术，由于乡土技术与材料及建筑环境息息相关，应当以去粗存精的方式来继承，对原有技术的缺点做相应的改进，以利于改善建筑的整个建造过程和最终效果。稻香渔歌田园综合体中的民宿，依然延续乡土建筑中木构架结构体系，虽然用钢结构对木结构进行了替换，但整体仍然沿用木结构受力原理。

（2）现代技术的引入。

建筑永远是向前发展的，仅仅停留于原有的技术是不可取的，也是不现实的。原始乡土技术与营建工艺历经时间的沉淀，是传统乡土建筑中不可或缺的一部分，但在现代新技术、新功能和新审美的发展需求下，应该选择适宜的技术手段。无论是乡村的建筑，还是传统的建筑，都需要完成现代化的进程。传承林盘文化的田园综合体建筑更需思考这一问题，即如何立足于现实，用新的技术手段和现代理念去传承创新时代所需求的新的乡村建筑空间。因此，将现代技术合理引入，是让新技术搭建起新的建筑文化与传统人文、自然乡土环境的桥梁，促进田园综合体建筑适应地域乡土的文化背景，更丰富川西地区的乡土文化内涵。

成都崇州的道明竹里，设计师使用全新的技术手段重塑新时代的林盘建筑概念。首先，运用参数化设计和拓扑找形设计手法，根据建筑的形体大小、功能需求，营建内向重叠环形屋面，一改常规林盘民居的双坡屋顶形式。其次，使用装配式构建技术，将竹木结构等构件采用工业化预制，确保精确和效率，再进行现场就地装配，实现 52 天的建筑生成速度。道明竹里对新技术进行探索和利用，在竹艺村完整演示了从设计到施工的工业化技术体系，将新技术成功地引入并运用于传统乡土村落中，实现了林盘村落的重生。道明竹里的工业化预制和数字化设计都为传统农村建筑提供了具有借鉴意义的参照模板，是新技术走入乡村并与传统人文背景、自然条件和建筑文化相结合的实践性探索。

黑川纪章说过："我认为技术应与地方文化融合起来，这样就可能创造出新的文化。这里并不排斥技术，而是强调新的、先进的技术必须融入地方文化中，表现出新的风格。"这意味着新技术的引入不能随意而盲目，而是应该选择性地引入。针对不同地域特征和人文环境的乡村，应选择适宜的新技术，并对其合理利用。试图以新技术作为时代的介质，更多元地演绎传统建筑的内涵，以回应传统，唤起人们对传统乡土的记忆，引起共鸣与认同。道明竹里的建造几乎没有乡土技术，而是运用时代前沿的新技术，新技术运用在适合场地与环境，承接地域文化的乡土语言，并重新梳理，营造着关于这个乡村的乌托邦。道明竹里重塑传统，但又不局限于一眼一板的传承传统建筑的空间形式、营建技术和乡土材料，而是充分汲取传统林盘建筑文化的精神内涵，用全新的技术进行诠释，成为新技术引入传统林盘乡村的强有力的策略，给予传承传统的田园综合体建筑新的启发。

（3）适宜技术的应用。

适宜的技术是充分利用当地的资源优势，结合现代新技术，对于地区地域具有针对性，适合"此时此地"乡土建筑的技术。它类似于"中间技术"，既不是传承下来的手工业时代的低效率传统建筑营建技术，也不是完全工业化的现代科技时代的高新建造技术，而是介于两者之间的适合具体区域的适宜技术。

武汉石榴居的设计探索出的适宜技术材料胶合竹，即将当地生产的天然竹子材料和新的科技材料相结合，形成力学性能强、质量轻、耗能低且绿色环保的胶合竹结构。胶合竹结构既可以在竹资源丰富地区就地取材，还可以进行工业化量产、预制并迅速装配，成功融合了传统乡土资源与适宜技术。在川西平原，竹林并不少见，林盘惯以竹林聚居，因此胶合竹技术可对川西地区的田园综合体建筑有一定的启发，有利于更好地传承传统林盘的精髓。

在川西这一特定的地域环境和文化背景下，适宜技术对于传承传统林盘内涵的田园综合体建筑来说需要提倡。但这也是具有针对性的，针对川西乡土地域的传统乡土技术工艺，适宜地引入新的技术手段，取长补短，整合形成适宜本地区、本项目的技术手段。

3. 绿色可持续建筑材料技术的运用

传统林盘建筑空间是绿色可持续发展的生态空间，其绿色生态的文化内涵在田园综合体中也得以体现，而田园综合体从现代生态绿色建筑的角度出发，以节地节能为主要可持续发展目标，保护当地生态平衡，存在着有限的建设用地和扩增的建筑功能需求之间的矛盾。在这样的情况下，临时性的建筑以其灵活多变的空间形式最能满足需求，临时性建筑如临时的构筑物、小木屋和集装箱等整体性强，易于变换组装和拆卸。而以生态性和经济性为标准，站在国际可持续发展的生态理念上，集装箱建筑所具有的环境适应性，符合如今低碳经济和建筑形式的可持续发展趋势。集装箱的主要优点在于适合工业化预制装配，便于根据不同的功能需求调整建筑组合方式，在不同的使用状态下进行重新组装整合。同时，集装箱具有环保性，建筑材料可以回收改造、再利用，循环的利用延长了建筑的使用寿命，且对周边乡村自然生态环境破坏较小。再者，集装箱建造效率极高，施工周期短，有利于生态经济的发展。在乡村建筑空间正在转型变革的今天，在乡村全域旅游迅速发展的背景下，经济、环保且便捷的集装箱这一类绿色可持续建筑材料应不断被挖掘并运用到乡村建筑空间的建设中。

田园综合体中的集装箱，可以结合景观、农业等改建作为居住空间、公共空间或移动小站等。比如，坐落于北京的生菜屋，采用模块化设计，内部设置生态循环系统，环绕整体建筑空间均设置绿色种植作物，将现代生态技术融入农业生产生活中，体现了传统生态可持续的生活理念的现代延续。又如，上海多利农庄的主体接待服务建筑，以集装箱组成，依据需求创造了丰富多变的空间和形式。集装箱在多利农庄中表现出了极强的适应性，其绿色再利用空间与绿色有机的农庄主题相契合，无论是在城市中，还是在乡村中，都体现了其环保绿色材质的优越性和巨大潜力。绿色可持续建筑材料技术的运用，作为传承林盘空间特征的田园综合体建筑设计中适宜技术的一种策略，旨在鼓励新技术的发展，特别是鼓励绿色生态、高效率的新技术走进乡村建筑空间，促进乡村建筑的可持续化变革实践。

第二节　轻型装配式建筑设计

一、轻型装配式建筑的概念

（一）装配式建筑的概念

装配式建筑是用通过工厂预制的各类部品、部件在工地装配而成的建筑。

《装配式混凝土建筑技术标准》（GB/T 51231-2016）对装配式建筑的定义如下：结构系统、外围护系统、设备与管线系统、内装系统的主要部分采用预制部品、部件集成的建筑。装配式建筑主要包括装配式混凝土建筑、装配式轻钢结构建筑及装配式木结构建筑。装配式建筑具有如下优点。

（1）提高工程质量。运用预制装配式施工方式，可以最大限度地对人为因素带来的弊端进行有效阻止和解决。预制构件在预制工厂加工和生产，因此只需要规范现场结构的安装连接流程，由专业的安装工作团队施工，就能够有效保证工程质量的稳定性。

（2）缩短建设工期。一般情况下，当建筑工程的主体结构施工结束后，还要利用外脚手架对窗、外墙饰面等进行施工，而装配式建筑的外墙面砖、窗框材料等已经在工厂中做好，现场不需要进行安装外脚手架的工作，只需要通过对材料进行局部打胶、喷涂等工作，配合使用吊篮就可以进行施工，不占用总体施工工期。对 10 层至 18 层的建筑物来说，凭借这一项施工措施的改进，可以节约 3 个月至 4 个月的工期，还能够更加全面地实行结构、安装、装修等设计与加工的标准化，大大加快施工进程。

（3）利于环保节能。采用预制装配式技术，施工对周围环境的影响，如噪声、烟尘、污染也远远低于现场施工，还可以减少施工现场的湿作业量。预制装配式施工方式可以降低木材的使用量，省去施工现场不必要的脚手架和模板作业。这样不仅能够降低施工工程总体造价，还能有效地保护森林资源。除此之外，预制工厂车间的施工环境能够为外墙板保温层的质量提供安全保证，有效避免现场施工易破坏保温层的情况，对实现建筑使用阶段的保温节能也非常有利。

（二）装配式建筑分类

装配式建筑体系根据受力构件的材料不同，可以分为木结构体系、轻钢结构体系和混凝土结构体系三种主要体系。

1. 木结构体系

木结构体系以木材为主要受力构件。木材本身具有抗震、隔热、保温、节能、隔声、舒适等优点，但是我国人口众多，房地产业需求量大，森林资源和木材贮备稀缺，木结构并不适合我国的建筑发展需要。

不列颠哥伦比亚大学的布洛克公寓一期大楼，是装配式木结构建筑的范例之一。这栋53米高的18层大楼，也是北美第一栋重型混合木结构高层公寓。它的独特之处在于采用重型混合木结构，底层是混凝土裙楼，其上是17层重型木结构，混凝土核心筒从底层贯穿至顶层。

2. 轻钢结构体系

轻钢结构体系的结构主体采用薄片的压型材料（轻型钢材），其中轻型钢材是用0.5毫米至1毫米厚的薄钢板外表镀锌制成的。这个结构与木结构的"龙骨"类似，可以方便地建造出不高于9层的建筑。它们的不同点在于节点处理方式不同。木结构建筑的连接节点使用的是钉子，轻钢结构的连接节点使用的是螺栓。轻钢结构体系的优点：质量轻、强度高，可以使建筑结构自重减轻；扩大建筑的开间，也能灵活地进行功能分隔；具有良好的延展性、完好的整体性和良好的建筑抗震抗风性能；工程质量易于保证；具有较快的施工速度、较短的施工周期，天气和季节对施工作业产生的干扰不大；方便改造与拆迁，轻型钢材是可以回收再利用的材料。值得注意的是，由于钢构件具有较小的热阻，耐火性差，传热较快，不利于墙体的保温隔热，耐腐蚀性差，抗剪刚度不够。

3. 混凝土结构体系

混凝土结构体系是我国建筑工业化体系选择的主要结构体系之一。混凝土结构体系与轻钢结构体系都可以对构件进行工厂化预制生产，可以满足在现场进行机械化装配安装的要求，而且符合中高层建筑的需求。但是，相比之下混凝土结构体系无论是在用钢量方面，还是在经济性方面，都具有更高的性价比。

装配式混凝土建筑结构体系又分为以下四大类。

（1）大板结构体系。

20世纪70年代，我国装配式混凝土建筑主要采用大板结构体系，预制构件主要包括大型屋面板、预制空心板、槽形板等。大板结构体系在构件的生产、安装施工与结构的受力模型、构件的连接方式等方面存在一定的缺陷，还需要克服建筑抗震性能差、隔声性能差、裂缝、渗漏、外观单一、不方便二次装修等问题。因此，大板结构体系多用于低层、多层建筑。

（2）预制装配式框架结构体系。

预制装配式框架结构具有和预制装配式框架及现浇剪力墙结构相似的性质，它们的框架梁与柱以预制构件的形式存在，再按现浇结构要求对各个承重构件之间的节点与拼缝连接进行设计及施工。装配式混凝土框架结构由多个预制部分组成，如预制梁、预制柱、预制楼梯、预制楼板、外挂墙板等。该类结构具有清晰的结构传力路径和很高的装配效率，而且现场浇筑湿作业比较少，完全符合预制装配式的结构要求，也是最合适的结构形式之一。

预制装配式框架结构有一定的适用范围，在需要开敞大空间的建筑中比较常见，如仓库、厂房、停车场、商场、教学楼、办公楼、商务楼、医务楼等，最近几年也开始在民用建筑的住宅中使用。根据梁柱节点的连接方式的不同，装配式混凝土框架结构可分为等同现浇结构与不等同现浇结构。其中，等同现浇结构是节点刚性连接，不等同现浇结构是节点柔性连接。在结构性能和设计方法方面，等同现浇结构和现浇结构基本一样，区别在于前者的节点连接更加复杂，后者则快速简单。不等同现浇结构的耗能机制、整体性能和设计方法具有不确定性，需要适当考虑节点的性能。

（3）预制装配式剪力墙结构体系。

预制装配式剪力墙结构体系可以分为部分或全预制剪力墙结构、多层装配式剪力墙结构、叠合板式混凝土剪力墙结构等。

①部分或全预制剪力墙结构。部分或全预制剪力墙结构主要是指内墙采用现浇、外墙采用预制的形式。预制构件之前的连接方式采用现场现浇的方式。内墙现浇致使结构性能与现浇结构差异不大，因此适用范围较广，适用程度也较高。部分或全预制剪力墙结构是目前采用较多的一种结构体系。全预制剪力墙结构的剪力墙全部由预制构件拼装而成，预制墙体之间的连接方式采取湿式连接，其结构性能小于或等于现浇结构。该结构体系具有较高的

预制化率，但同时存在某些缺点，如具有较大的施工难度、较复杂的拼缝连接构造。

②多层装配式剪力墙结构。多层装配式剪力墙结构是近年来借鉴日本与我国20世纪的实践，同时考虑到我国城镇化与社会主义新农村建设的发展，顺应各方需求，适当地降低房屋的结构性能，而开发的一种新型多层预制装配剪力墙结构体系。这种结构对预制墙体之间的连接也可以适当降低标准，只进行部分钢筋的连接。其具有施工速度快、结构简单的优点，适用于各地区大量不超过6层的房屋的建造。

③叠合板式混凝土剪力墙结构。叠合板分为叠合式墙板和叠合式楼板。装配整体式剪力墙结构由叠合板辅以必要的现浇混凝土剪力墙、边缘构件、板及梁等构件组成。叠合式墙板可采用两种形式：一是单面叠合剪力墙；二是双面叠合剪力墙。双面叠合剪力墙是一种竖向墙体构件，它由中间后浇混凝土层与内外叶预制墙板组成。在受力性能及设计方法上，叠合板式剪力墙不同于现浇结构，其适用高度不大，一般要求控制在18层以下。在更高的建筑中使用该结构，还需要进一步研究与论证。

④预制装配式框架剪力墙结构体系。对于框架的处理，装配式框架剪力墙结构与装配式框架结构这两者基本是一样的。剪力墙部分可采用两种形式：一种是现浇，另一种是预制。如果布置形式是核心筒形式的剪力墙，则是装配式框架核心筒结构。现阶段国内装配式框架现浇剪力墙结构已经使用很广泛了。

（4）盒子结构体系。

盒子结构体系是工业化程度较高的一种装配式建筑形式，是整体装配式建筑结构体系，预制程度能够达到90%。这种体系在工厂中将房间的墙体和楼板连接起来，预制成箱形整体，甚至其内部的部分或者全部设备的装修工作，如门窗、卫浴、厨房、电器、家具等都已经在箱体内完成，外立面装修也可以完成。将这些箱形的整体构件运至施工现场，就像"搭建积木"一样拼装在一起，或与其他预制构件及现制构件相结合建成房屋。在盒子结构建筑中，一个"房间"类似传统建筑中的砌块，在工厂预制以后，运抵现场进行垒砌施工，只不过这种"盒子式的房间"不再仅是一种建筑材料，而且是一种空间模块。现场仅需要完成盒子就位、构件之间的连接、管线连接等总体工序，就能够把现场工作量控制在最低限度。单位面积混凝土的消耗量很少，只有 0.3 立方米，与传统建筑相比，不仅可以明显节省 20% 的钢材与 2% 的水泥，而且其自重会减轻大半。

1967 年，加拿大蒙特利尔市建成了一个由 35 个盒子构件组成，其中包含了商店等公共设施在内的综合性居住体。这座名为 67 号栖息地的钢筋混凝土盒子建筑充分发挥了"盒子"作为一种结构形式和建筑造型手段的作用，创造出前所未有的建筑形象。

目前，世界上已有 30 多个国家修建了盒子构件房屋，生产盒子构件较多的国家也有 20 多个。盒子构件的使用范围也由低层发展到多层乃至高层。有的国家已建到 15 层或 20 层以上。我国自 1979 年起，在青岛、南通、北京等地，陆续试建了几栋盒子构件房屋。青岛已试制钢筋混凝土隧道形盒子构件。现已建成的北京丽都饭店属于轻型盒子构件建筑，第一期工程共用500 多个引进的钢构架轻型盒子构件。

（三）轻型化建筑

轻型化是创造空间时的材料与结构效率，是结构与围护协同作用时的综合效能，是建筑整体尽可能少地对环境产生影响。同时，它还指轻的质量，建筑通过轻型材料与技术呈现出让人不一定能够看见却能意会到的"轻"的品质。因此，在追求结构与围护综合效能的目标下，轻型化具体体现在材料选择、建造体系及视觉呈现等方面。轻型化建筑涉及混凝土、钢、膜、玻璃等多种材料种类，包含轻型钢结构建筑、轻型膜结构建筑、轻型混凝土薄壳建筑等。

建筑轻型化是一种定性的范围，但也有科学的计算作为定性评判的依据。德国建筑师弗雷·奥托通过建立量化参数系统对结构的效率进行评估，从而确定结构是否符合"轻"的标准。随着时代的发展，关于建筑轻型化的扩展具有更加丰富的内涵。轻结构建筑和概念设计研究所开始寻求轻材料、轻构造及轻结构在建筑形态学、工程学及建筑可持续性方面的新拓展，努力从多领域展开轻型建筑研究。国外的建筑轻型化实践，也一直致力于轻型化的内涵拓展。

二、小型轻型钢结构建筑设计实践 —— 以某精品酒店为例

（一）项目基本信息

1. 项目背景

江西三清山是著名的风景旅游胜地，其怪石嶙峋、青山葱郁的原始风貌和历史悠久的道教文化吸引着慕名前来的游客。此处清净幽寂的自然风光适宜度假疗养，甲方决定在三清山景区内建设百草园康养综合体。百草园康养综合体分为酒店区块、疗养区块等多个功能区，以片区形式分布在连绵的山林之中。酒店区块包括游客服务中心、纪念品店、多功能厅、餐厅、独立酒店、茶室等建筑，由三个不同的设计单位负责。其中，独立酒店客房与茶室的设计，采用轻钢装配式营建方式，其他的建筑则采用传统的现场浇筑、砌筑营建方式。

2. 基地概况

项目位于上饶市三清山北侧岭头山村附近一个无名的小山丘之上，范围从半山腰直至山顶。该山丘面积较小，比较陡峭，原始状态树木林立郁郁葱葱。山丘东南方向是蜿蜒的河流，隔河相望是玉帘瀑布风景区的苍翠青山。当地民居有两种风格，一是砖混结构的双坡形式，二是马头墙徽派风格，色彩上均是白墙黛瓦。

（二）场所营造

场地与建筑诗性的结合形成场所，场地是场所形成的物质载体，场所是场地设计的精神表达，场地与场所是共融共生的。

在此项目中，重要的是尊重和利用原有的自然山林，减少对树木、地形的破坏，使建筑融于自然，成为风景的一部分。因此，在设计之初，就确定

了采用轻型装配式钢结构的营建方式，以材料之轻、结构之轻营造自然清幽的场所氛围，原因如下：①项目位于三清山自然风景区之内，树木林立，风景秀美。②项目位于山坡之上，不适宜大面积动土的传统营建方式。③项目深入大山，运输不便，装配式建材运输到位后可快速施工。④项目山间多雨，传统营建方式易受天气影响。

1. 场地交接

基地位于山坡之上，因此采用独立点式基础使建筑从山坡中脱离形成架空之态。选择点式基础基于多方面的考虑。一是希望减少土方开挖，降低对原始地形的破坏，尽可能保护原有树木与生态环境；二是点式基础与上部轻型钢结构在荷载传力与构造连接上一脉相承；三是架空的方式可以呈现视觉上的轻盈感；四是可以有效防止与土壤接触，隔绝来自地面的潮气。

若在城市平地之中，则需要综合考虑建筑与城市环境、下地面的关系，再决定点式基础、条形基础等。

2. 建筑形态

建筑形式采用以当地民居为原型的双坡体量。在围护系统的材料选择上，使用在外观上与白墙黛瓦较为相似，同时又利于工业化预制加工的材料。屋顶采用直立锁边铝镁锰板，外墙板材使用白色仿石材铝板与深色铝板，立面上还增加披檐的设计，最终呈现的建筑效果为现代中式风格。尽管建筑全部采用工业化的轻钢结构与围护板材，但在形式、色彩、立面表现方面与当地民居相契合，在体量、架空关系上与自然山林相融合。

3. 总平布局

基地中重要的场地要素包括地形、山林、东南向的河流与玉帘瀑布景区，因此如何处理好新建建筑、地形、林木、景观之间的关系，以及酒店区块内部的路径关系，是总平设计的重点。

沿山地等高线设计上山路径，沿山路以独立式单元进行散点式布局，保证每一间独立客房皆有树木环绕。所有建筑朝向呈放射状，以获取最佳景观朝向。山顶的茶室由3个建筑单体通过连廊组合，形成错落的形体与丰富的外部空间。总平面设计尊重特殊的山地地形，依据上山路径与观景面确定独立酒店位置与朝向，化整为零，消解建筑群过大的体量对环境造成的影响。

从连接方式、建筑形态与总平面布局三个方面入手，建筑既是承载功能活动的物质空间，又是山地景观系统的一部分，嵌入场所的整体系统之中，共同营造自然幽静的场所氛围。

（三）平面设计

装配式建筑的平面设计既要满足个性化的功能使用要求，又必须符合标准化原则。而标准化原则主要体现在两个方面，即功能模块化与模数协调。在此项目中，平面设计最终方案是综合考量个性化设计与标准化原则的结果。

建筑单体主要包括独立式客房及山顶的茶室。独立客房依据使用人群的功能活动与生活品质要求分成两种户型，即卧室、起居室、餐厅等生活起居空间，以及分离式卫生间、衣橱空间与设备间等辅助空间。山顶茶室由门厅接待、厨卫服务及禅茶室三个体块通过连廊组合而成。

1. 功能模块划分

在功能模块划分方面，项目首先将空间分为服务空间与被服务空间两种类型。被服务区域包括卧室与起居室模块，需要舒适的大空间。服务区域包括卫生间、衣橱与设备模块。

以独立客房 A 户型标准单元为例，室内被服务区域包括卧室与起居室模块，需要舒适的大空间。服务区域包括卫生间、衣橱与设备模块，服务模块集中设置于一侧，为生活起居区域创造舒适宽敞的大空间。通过中间通道组织所有功能区域，功能划分高效清晰。

B 户型在中间增加一开间，集中设置辅助服务模块，包括厨卫、衣橱、设备模块。一侧开间增设了独立的起居室与娱乐室模块，与卧室模块分别位于服务区域两侧，保证生活起居的大空间需求，同时体现了动静分区的设计考量。B 户型功能活动空间更为舒适宽敞，动静分区的设计体现了对使用者的人文关怀。

功能模块划分主要遵循两条设计原则，一是服务模块集中布置，二是服务模块在进深方向均采用一致的模数。集中布置是为了创造室内空间的集约高效，模数一致体现在服务空间的衣橱、设备、卫生间模块进深方向均为2 300毫米模数，这边可减少设备、衣橱、卫生间等模块部品的规格类型，方便加工预制与现场装配。

2. 模数协调

将轻钢框架柱间距作为三清山酒店的建筑模数。模数协调必须考虑平面模数与部品模数能否协调兼容，同时还需兼顾功能使用的便利与空间舒适性问题。所有建筑纵向使用了5 000毫米与4 000毫米两种模数。客房A户型使用5 000毫米模数，客房B户型采用了两种模数——卧室与起居室需要舒适的空间，适合5 000毫米模数，衣橱、设备间、卫生间等采用4 000毫米模数。通过茶室的主体建筑统一使用与轻型建筑的模数对比，发现该项目模数协调存在两个问题，即模数标准化与模数定位。

（1）模数标准化。

市场上轻钢结构体系的模数具有标准化特征，这是综合考虑空间尺寸、结构构件与建筑部品尺寸之后得到的标准化模数。然而，本项目采取的4 000毫米模数与5 000毫米模数具有特殊性，而市场上板材的普遍尺寸为600毫米与1 200毫米。从现有材料利用率与生产加工效率角度来说，在此模数基础上进行划分得到的建筑部品规格必然与市场上常见的门窗与板材尺寸不同，必须在工厂进行批量定制，这样不利于快速建造，耗费时间成本与经济成本。

（2）模数定位。

平面模数采用中心线定位方式，这种方式方便快捷，利于结构柱等结构部件的准确定位。但对于装配式建筑来说，外围护与内装系统部品种类众多且具备标准化特征，按照中心线定位法使得外墙围护板材及内部隔墙的部品在转角处存在细碎尺寸，无疑增加了建筑部品的规格类型。因此，必须考虑围护板材在墙体交接处、门窗洞口转折处构件类型的特殊处理。

总体而言，该项目平面模数与市场上的标准化模数有所差异，未考虑平面模数与部品模数的通用性，不利于批量工业化生产与快速建造。

（四）结构设计

1. 结构体系

与谢英俊的轻钢龙骨结构体系、新芽复合结构体系等采用冷弯薄壁 C 型钢不同，该项目采用的轻型钢框架结构在形式、截面尺寸、柱距上更接近于混凝土框架结构。为保证开窗的自由度采用大跨度柱间距，框架柱选择截面尺寸为 180 毫米的热轧轻型方钢管，以增大截面尺寸的方式保证结构整体强度，钢梁则采用热轧工字钢与 C 型钢。轻钢框架柱之间又增设轻钢龙骨作加强竖向承重之用，同时作为墙体的结构支撑，限定门窗洞口。

因此，该项目由两种结构形式，即轻钢框架结构与轻钢龙骨共同承重。

对该项目的结构体系进行思考，发现以下问题。

①轻钢框架柱与轻钢龙骨两种结构承重体系共同作用，一是增加了结构设计的工作量，二是增加了结构构件的规格与类型，使得构件预制加工与现场拼装比单一的结构体系更为复杂。

②结构设计思路受到传统营建方式梁柱结构体系的影响，平面设计时未考虑轻型钢结构的标准化、构件规格的工业化制造，在设计过程中平面设计与结构设计、构件加工等环节产生割裂。

总体而言，该项目的结构体系设计未形成工业化设计思路，处于传统结构设计向装配式钢结构过渡的阶段。

2. 构造连接

三清山项目的主体结构构造连接采用装配式施工，在设计时主体结构构件之间、墙板与钢柱、墙板与墙板之间均采用螺栓连接，保证快速建造。基础与主体结构连接采用螺栓与现浇混凝土结合的方式，保证结构的整体稳定性。

主体结构建成之后，从构造连接的建构表达来看，该项目构造节点未体现出清晰的受力逻辑及精致的细部设计。这主要体现在以下方面：部分主体结构构件之间由于设计不到位或施工误差，没有精确地预留螺栓洞口，不得不采用现场焊接的方式增强节点的稳定性；施工人员对装配式轻钢结构的装配工艺不熟悉造成施工误差，部分节点受力不稳定，只好现场加设斜撑稳固，如钢柱与屋顶钢梁之间增加两条斜撑形成稳固的三角构造节点。

除此之外，该项目的构造连接还暴露了以下三个问题。

①预制装配率低。节点工业化程度越高，预制装配率越高，现场建造越快速便捷。必须优化螺栓连接、焊接、斜撑结合的连接方式，尽可能全部采用螺栓连接的形式。在结构设计时预设好每一个构造节点的连接方式、所需构件规格、预留洞口位置等，避免现场返工，增加工作量。

②节点未标准化。结构与构造节点的构件尺寸规格标准化程度越高，构件类型越少，现场施工越便捷，质量也越可控。首先，可采用一种轻钢结构，减少主体结构构件种类；其次，在相同的连接节点尽量使用统一的连接片与螺栓连接，确保构造节点的标准化，利于快速建造。

③设计工具的落后。结构设计与构造连接体现了建筑工业化设计思维的缺位，以及全过程信息化管理平台的缺失。传统的设计工具难以实现设计、建造、安装、装饰、运行、维修全过程的协同设计与信息共享，造成设计与施工时的工序割裂，必须在现场进行结构二次加固，影响施工进度。深圳梅丽小学正是建筑信息模型技术应用的正面案例，以建筑信息模型统筹管理，确保设计、预制加工、现场施工的精确传递。因此，在结构构造设计时可借助三维空间构件的精细化建模确定构件数量规格，从而保证预制加工的精确性，方便现场快速建造。

（五）围护系统设计

轻型装配式建筑的围护系统，作为建筑的气候边界，必须满足热工性能设计要求，保证其在保温隔热、通风采光方面拥有优越性能，维持室内良好的热舒适性。同时，还需考虑围护系统的加工生产与预制拼装，通过对外墙板材预制部品的细分，在满足工业化建造的前提下尽可能减少规格类型、降低加工成本，实现快速建造。

1. 热工性能设计

三清山风景区位于大山深处，夏季凉爽冬季严寒，多雨潮湿。设计时，必须考虑围护系统良好的热工性能，采光通风满足常规要求即可。围护系统的热工性能主要体现在连续封闭的绝热层与外墙多层构造方面。

（1）连续封闭的保温层设计。

建筑主体架空之后，围护系统 6 个面全部设置保温层，形成封闭连续的绝热表面，防止结构外露带来冷热效应，影响室内热舒适性。同时，做好门窗的气密性设计，尽可能减少室内外热量交换。

（2）围护体多层构造。

墙体采用多层构造，结构体外侧设置保温层、空腔层、绝热层和铝板饰面，结构体内侧设置防火层和内饰面，以多层构造提高围护系统的保温隔热性能。该项目墙体的多层构造采用现场施工，施工期间正赶上梅雨季节，现场施工进度受到影响，屋顶的岩棉保温层来不及进行封闭处理，受潮之后影响保温性能的发挥。

为避免围护墙体保温性能受气候影响，可采用含有保温功能的复合板材作围护墙体。但是，三清山项目由于围护面特殊的模数尺寸，无法直接采购安装。因此，在围护墙体设计建造时，必须考虑保温性能稳定与工业化快速建造的结合。

2. 外墙板材预制加工

外墙饰面板材采用定制的白色仿石材铝板与深色铝板。由于平面模数与外围护墙体的模数限制，以及门窗洞口对建筑立面的影响，外墙板材的预制加工分类十分复杂，有着超多种类的预制构件。以山顶禅茶室为例，建筑山墙面与侧墙面外墙板材规格不同，柱间与转角处墙体规格不同，再加上门窗洞口对外墙板材规格造成的特殊性，最终外墙预制构件共计 138 种。这些预制构件规格特殊，全部需要工厂定制。外墙构件在设计分类阶段耗时近半月，但构件预制加工与现场安装十分迅速，体现了工业化建造的速度与品质优势。

外墙构件分类需要注意以下三点：第一，出于加工安装的方便及立面分格的视觉效果，尽量保证构件宽度尺寸的一致性；第二，注意墙体转角处、门窗洞口相连处的墙体构件的特殊性，可采用"L"形构件连接，保证转折处的整体性；第三，构件加工时必须考虑构件之间、构件与主体结构的连接方式，事先设置好螺栓位置与数量，或者可采用榫接等其他方式，保证外墙构件的安全紧密连接。

（六）内装设计

内装设计包括楼地面、内墙面、轻质隔墙、吊顶设计、卫生间等建筑部品装修，以及设备与管线安装。工业化建造内装系统需要满足集成化要求，即部品模块化与设备集成化。对照内装集成化的设计要求，三清山项目的内装设计采用了集成化装配式的设计理念，其内装设计主要体现在两个方面，即内装部品模块化和设备与管线集成。

1. 内装部品模块化

独立式客房内装部品模块化体现在将卫生间、设备、衣橱等辅助空间，依据功能使用与标准模数设计为具有通用性的标准模块，同时作空调等设备的收纳之用。由于进深模数相同，模块部品预制加工与现场安装方便。

内装采用科居装配式墙顶系统，将集成部品系统化，对室内墙体进行规格分类设计之后，进行内装墙体部件预制加工，在现场实现快速装配。墙板部品全部使用装配式现场安装，部品之间通过企口拼装便捷，连接构造精密，装配效率提高，维护更换方便。

但是，由于4 000毫米与5 000毫米的平面模数仍然给内装部品的尺寸规格带来特殊性，使得内装部品必须采用个性化定制，提高了加工的时间成本与经济造价。为保证室内装装修界面与部品定位模数的标准化，可采用单轴和双轴共同定位的方法，保证模块部品为净模，实现系列化内装部品灵活组装，便于同类型建筑日后菜单式的内装设计。因此，早在平面设计时就需将内装设计纳入考量，充分考虑平面模数与部品模数的通用性问题。

2. 设备与管线集成

建筑内部设备管线作为内装系统的一部分，包括上下水、供暖、空调、新风等设备，电气线路铺设也十分复杂。设备管线设计应在工序、部品方面实现集成化与标准化，采用通用型的接口技术，与吊顶、楼地板等内装部品结合，形成集成吊顶、集成楼板等。

三清山项目中，预先将电线、上下水管线等收纳于轻钢龙骨之间的空腔之中，空调、新风管线则与吊顶的集成设计形成整体。两种户型的独立式客房均设置了设备模块集中容纳空调等设施，将管线集中处理，同时可确保建筑立面的干净整洁。

总体而言，该项目运用内装部品模块化与设备管线集成化的设计方式，内装施工效率大大提高，现场施工环境干净整洁，内装部品的品质得到精细化把控，最终呈现的室内装修效果十分良好。

第三节　乡村建筑设计与传统村落保护协同发展

一、乡村建筑设计

（一）乡村建筑的概念

1.乡村的定义

很多人将乡村与农村划等号，认为其基本职业都是以农业为主。学者秦志华认为，两者相似却不完全相同，乡村的对立面是城市，而农村的对立面是工商业，前者是区域差异，后者是经济产业的不同。比如，江阴华西村，虽然名义上是乡村，但华西村村民不以务农为主。正因为传统的思想一直将农村和农业或者务农的人绑定在一起，所以农村才相对于乡村被广泛运用。正如学者左大康的解释，"农村就是从事农业生产和农民聚居的地方，乡村经济即等同于农业"。但随着时代的变化，农村的产业已经从往日的农业单体，转变为以农业、村镇工业和乡村旅游业相结合的产业。因此，按照现在农村发展规模来看，乡村一词更接近社会发展状况。此处之所以要将乡村与农村做细致的划分，是因为准确区分乡村和农村，有利于具体研究，有利于建设更加贴切的地域性建筑。

2.现代乡村建筑

这里的现代乡村建筑是基于现代乡村社会、经济发展状况、受现代文明冲击的乡土建筑。这些建筑是在乡土建筑的基础上改造更新或重建的，或是完全跟随国家乡村建设的脚步，在原来区域或新地点翻修与重建的。中国真正具有历史文化传承的建筑，在经济、文化快速发展的今天逐渐减少，甚至消失。很多非典型的乡土建筑在社会的发展中寻求生机，这是时代文明发展的必然结果，但是发展过快，乡村整合力较弱，加上没有以专业的指导理论为前提，导致如今简易的砖混结构、仿洋楼风格等现代乡村建筑形式随处可见。这些建筑的社会基数庞大，发展迅速，真实地关系到乡村环境质量和乡村文化传承的问题，关系到广大村民实实在在的生活质量和居住环境问题。

（二）现代乡村建筑形成的原因及认知

1. 家庭结构的变化

在古代，社会发展的节奏缓慢，传统的乡村聚集形式以家族为基础，因此住宅建筑基本也是以家族住宅起步，乡村最终发展成聚落的空间格局。但是如今，社会的发展带动经济的扩张，乡村在人口数量、家庭结构及生活方式等方面都发生了巨大的改变，从而导致乡村的建筑尤其是住宅建筑大幅度增长，这些增长是被动的，但由此改变了传统的乡村聚落形式。虽然说传统的家庭也会有分裂，但是基本上还是以家族为中心，分而不散，家庭的生活依然是几世同堂的情况，乡村聚落主要还是以宅院为基础的大家庭。现代家庭的结构越来越小型化，独门独户的住宅形式在乡村已经非常普遍了。

2. 现代文明的影响

在现代文明的冲击下，传统居民的封闭意识正发生着巨大变化，他们向往城市现代化建设，随之而来的是对传统民居的改造与翻新，院落式的建筑样式在这样的背景下逐渐消失，现代乡村建筑形式朝着多样化、简易化、混乱化甚至扭曲化发展。传统民居中的清水砖墙变成了"马赛克"，原有的小青瓦被现代琉璃瓦取代，建筑功能逐渐单一，曾经的精神文明不复存在。这样的变化过程中出现了一排排整齐有序的乡村建筑，这让人不经意间误以为是城市居住空间。乡村原生态的景观被一排排行道树破坏，曾经将村民聚集在一起的村口水井和大树也消失了。与此同时，乡村经济水平提高，村民一味地追求城市楼房的气派，放弃原有传统技术与艺术，造成了家家户户千篇一律的现象。

3. 对于现代乡村建筑形成的认知

从发展的角度来看，经济的发展、人口的增长和生活观念的改变等，导致传统的乡土民居逐渐没落，现代乡村建筑迅速发展。当前我们面临的关键问题在于，新的乡村建筑大多是现代建筑元素的简单堆砌，并没有真正继承传统乡土的精神文化。现代乡村建筑主要以简单模仿的形式出现在我们面前，这使得乡村建筑失去了地域特色，失去了传承地域文化特色的使命。现代乡村建筑迷失了正确的发展方向，处于一种盲目紊乱的状况。当下，如何积极推进艰深晦涩且具有地域本土精神的现代乡村建筑，如何与现代技术和理念巧妙结合，是乡村建筑迫切需要解决的问题。

（三）乡村建筑设计的原则

相对于城市建筑，乡村民居建筑更富有中国特色，设计应当遵循尊重地域文化、生产与生活相结合、传统与现代相结合的整体设计思想。

1. 尊重地域文化

地域文化是乡村建筑的灵魂，建筑师在设计中要深入研究、体会地域文化的综合体现，在地理自然环境、民俗生活、信仰与民居建筑之间的密切关系方面，向传统文化学习。乡村原本都有自己的建筑工匠，他们"就地取材，与自然融合"，建造了大量充满本土特色的乡村建筑。随着经济社会的快速发展，各种工业化建筑材料及现代建造技术的应用，今天的乡村建筑无论是外在形式还是建造方式，都与城市建筑越来越相似，城乡居民审美趋同，传统的匠人和工艺逐渐弱化甚至消亡，这是乡村建筑特色弱化、消失的重要原因。我们应该从地方传统文化中汲取养分，立足本土，理性思考，在满足建筑基本诉求的基础上给予合适的本土特色。

2. 生产与生活相结合

乡村建筑与城市住宅最大的差异是，乡村中生产与生活通常是叠加在一个空间的，最简单的例子就是农业生产工具在民居内存放使用。传统的农业、手工作坊等都是与民宅在一起的，即便是现在，民宅也是重要的生产资料。乡村建筑的设计要充分结合乡村发展特色，在满足乡村发展的经济产业定位的同时满足居住生活需求。民居是乡村组成的重点内容，乡村的发展还需要依靠大量的农民，解决三农问题也需要民居建筑与之相适应。

3. 传统与现代相结合

乡村发展最重要的表现是人居环境的改善。在传承传统文化的同时，满足现代生活需求，是现阶段乡村发展的共识。尊重传统生活习俗，在保护优美村庄风貌的同时引入现代服务设施，大大提高居住舒适度，是乡村民居设计的根本目标。

（四）乡村建筑设计手法

1. 本土设计

在进行乡村建筑的设计工作时，应该秉持本土设计的理念，根据村庄的传统特点，保持与延续村庄个性特色，避免"千村一面，万村一貌"，这是在确立和维持一定地域内乡村聚落发展、演变方向与秩序时需要考虑的重要内容。

2. 生态设计

乡村建筑材料的选择是乡村建筑设计重要的基础工作。传统乡土材料的传承与发展是新乡土建筑设计一个重要的方面。然而，现在建筑材料的市场化、商业化，往往使传统的乡土建筑材料被排除在乡建市场之外。同时，传统材料的各项性能参数大多不易量化或计算，也使其被排除在选择之外。因此，需要对传统乡土材料进行改良和优化，使之与现代建筑、现代生活相适应，体现乡村建筑的生态设计要求，并且因地制宜地运用传统乡土材料，这样不仅节约成本，还能够形成具有地域特色的村容村貌。

二、传统村落及其保护发展原则

（一）传统村落的概念

传统村落，指形成较早，拥有较丰富的文化与自然资源，具有一定历史、文化、科学、艺术、经济、社会价值，应予以保护的村落。传统村落的原名为古村落，2012 年 4 月，中国传统村落保护与发展专家委员会决定，将"古村落"改为"传统村落"，以此强调这类村落蕴含着丰富深邃的历史文化信息和自然资源，具有较高价值，必须进行保护。

传统村落的内涵主要体现在选址和格局、传统建筑风貌、非物质文化遗产三方面。首先，村落选址和布局要具有地方代表性，利用自然环境条件，与维系生产生活密切相关，反映特定历史文化背景，且村落整体格局保存良好。其次，传统建筑风貌要完整，传统历史建筑、历史环境要素等集中连片分布或总量超过村庄建筑总量的 1/3，能较完整地体现一定历史时期的传统风貌。最后，非物质文化遗产要活态传承，传统村落中要拥有较为丰富的非物质文化遗产资源，民族或地域特色鲜明，传承形式良好，至今仍以活态延续。

（二）传统村落所承载的传统文化

传统文化是文明演化、汇集而成的一种反映民族特质和风貌的民族文化，是民族历史上各种思想文化、观念形成的总体表征。世界各地、各民族都有自己的传统文化。中华民族传统文化是指历史上形成的一切文化，包括物质、制度、思想层面。其中，思想文化是中国文化的核心，反映着中国文化最为本质的特征，是中国文化的气象与精神所在。而中国优秀传统文化是指中华民族在生息繁衍中形成、积累并流传下来的，至今仍有合理价值，促进社会进步和民族发展的共同精神、心理状态、思维方式、价值取向、行为规范、风尚习俗等。中国传统村落所承载的讲仁爱、重民本、守诚信、崇正义、尚和合、求大同的思想和传统美德是中华优秀传统文化的重要组成部分，是中华传统文化的"根文化"与"母文化"。

（三）传统村落的价值

传统村落记载着各民族各地区劳动人民创造的丰功伟绩，谱写和歌颂着中华儿女风雨兼程的奋斗历程，是中华民族农耕文明和优秀传统文化的鲜活记录。作为中华民族铭记历史、寄托乡愁的重要载体，传统村落具有独特的文化价值、情感价值、教育价值、景观价值和经济价值。

1. 文化价值

中华优秀传统文化的发源地和根据地就是传统村落。我国幅员辽阔、民族众多，每一个民族的传统村落都有自己独特的文化，它不仅有以精美的传统民居建筑为主的物质形态文化遗存，还有一方水土创造的无形文化遗存，如红色文化、民间传说、传统音乐、传统技艺、传统民俗活动及俚语方言、乡规民约、宗族传衍等，这些文化直接体现了中华民族的气质、民间情感及民族文化多样性。住房和城乡建设部、国家文物局评选认定了数个历史文化名村，中国传统村落中就包含了这些具有丰富历史文化内涵的历史文化名村。虽然现代中国已迈入快速发展的现代文明，但产生农耕文明的传统村落是中华民族的根，是国家甚至全世界的珍贵遗产，不能丢弃。

2. 情感价值

传统村落空间形态包含着宗亲、乡情、人际等社会关系，有别于现代社会中松散化的人际关系，能够给予现代人一种精神上的依靠。人与人之间"德业相劝、过失相规、患难相恤"的传统价值观念，是中国传统文化的重要组成部分。同时，不同地域、不同民族千百年来积淀形成的聚合感、归属感、安全感、亲切感、秩序感、领域感等各种情感，是传统村落村民赖以生存的一大精神支柱。广大传统村落就是人们所谓"落叶归根"的扎根载体之一，是中华儿女的"精神家园"，是游子的心灵归属。

3. 景观价值

传统村落既有优美的村域山水格局，又有形制丰富的历史建筑和历史环境要素，这形成了个性鲜明的地域特色景观。特别是以传统民居为主的各种民族传统建筑，门窗等建筑细部大多采用木雕、砖雕、石雕、彩绘等，这些雕刻和绘画汲取民族文化和民间艺术的养分，内容极其丰富，有花鸟、植物、人物、戏曲、神话、寓言等，表达的寓意多为中国传统的福、禄、寿、喜、财，人物多体现中国的孝道文化，韵味深长，展现了村落具有的独特价值，是宝贵的人文景观资源。党的十九大再次提出"建设美丽中国"的口号，传统村落在建设美丽中国的任务中具有重要的、无可替代的战略地位和价值。

由于各民族文化的差异及自然环境的不同，现存的传统村落都有自己独特的景观意象和文化特征，这些特色景观极大地丰富了我国的整体景观系统，是景观多样性的重要组成部分。我国特色景观旅游名村中就包含了相当一部分中国传统村落，这些富有地域特色的景观系统，是建设美丽中国首要关注和参考的重点，千姿百态的传统村落是美丽中国的核心景区和景观"基因库"。

4. 经济价值

传统村落具有文化、情感、教育、景观等价值，也具有独特的经济价值。从旅游角度看，名山大川、历史名城、国家公园和著名文化遗存等这些旅游资源不再是人们旅游的绝对选择。随着社会的发展和对文化的重视，现在人们更多的是先了解一个地方的文化底蕴，然后再前往目的地进行感受和体验。其实，中国各地的传统村落除了有优美的自然生态环境，还有许多流传下来的文化资源，这些都深深地吸引着游客。物质文化遗产如传统民居、戏台、庙宇、宗祠等背后蕴藏着历史意义，当地烹调技艺、编制成品、雕刻彩绘等实在的特色景观是可以触摸、感觉的，还有各类民俗活动、民歌、舞蹈、传说等，都能活灵活现地展示出当地的传统风情，所有这一切都是宝贵的人文旅游资源。保护与发展好这些人文资源，对村落经济发展至关重要，能走出具有特色的、将农业与服务业相融合的、可持续的乡村发展新道路。

（四）传统村落保护与发展的基本原则

国家的发展、民族的振兴，不仅需要经济、军事、科技等经济硬实力的发展，更需要强大的文化软实力的支撑。传统村落是中国悠久历史文化传统的重要载体，对传统村落的保护将有助于提升中国文化软实力。根据住房和城乡建设部、原文化部、国家文物局、财政部发布的《关于切实加强中国传统村落保护的指导意见》，在保护和发展传统村落的过程中，应坚持以下几个原则。

1. 坚持规划先行，禁止无序建设

保护和发展传统村落，首先要规划。规划的本质是制定保护规则及行为准则。国家的规划是有法律依据的，规则颁布出去就是这个村的法律，违反规划就是违反法律，所以规划非常重要。传统村落在具体制定保护规划时，要严格遵循以下三点基本要求。

首先，保持传统村落的完整性。保持村落、建筑及周边环境的内在关系和整体空间形态，避免新旧村不协调。挖掘和保护传统村落的历史、文化、经济、社会等价值，防止片面追求经济价值。其次，保持传统村落的真实性。杜绝无中生有、照搬抄袭，禁止没有依据的重建和仿制。合理控制商业开发面积比例，严禁以保护利用为由将村民全部迁出。最后，保持传统村落的延续性。提高村民收入，让村民享受现代文明成果，实现安居乐业。传承优秀的传统价值观、传统习俗和传统技艺。尊重人与自然和谐相处的生产生活方式，严禁以牺牲生态环境为代价过度开发。

历史文化遗产是传统村落发展的核心资源之一，历史风貌保护区域也是当地居民长期聚居的地区，在编制规划时必须处理好保护、传承和发展之间的关系，制定具有可持续发展意义的保护规划。

2. 坚持因地制宜，防止千篇一律

我国幅员辽阔，传统村落分布面广、量大，村落规模、经济、文化等都存在极大差异，村落保护发展的难点、规划基础等均不相同，故对传统村落的保护与发展应该立足村情，秉承"因地制宜"的原则，宜聚则聚、宜散则散，不搞"一刀切"，不大拆大建。以市场为导向，以当地资源条件为依托，突出地方特色来寻求保护发展模式。例如，村落传统资源丰富且区位具有优势的传统村落可以发展乡村旅游和休闲养老产业，而资源一般且区位偏远的传统村落可以依托技术支持型发展模式，对传统村落进行有效保护和发展。因地制宜，结合实际，有针对性地解决村落的实际问题，可以节约开发成本，规避发展风险。而且，因地制宜能深入挖掘和积极培育有浓郁地方特色的发展模式，激发村落活力，以达到弘扬和传承当地优秀传统文化的目的。因此，传统村落保护发展的规划、建设和管理必须体现差别化，因村制宜，分类管理，不能一概而论，避免发生"千村一面、万村一貌"的"特殊危机"。

3.坚持保护优先，禁止过度开发

传统村落的保护与发展，始终要把保护放在第一位。传统村落是不可再生资源，在对其保护与开发的过程中，要坚持适度开发，正确处理村落保护与村民获利、村落保护与适度开发、村落保护与生态环境、村落保护与产业发展之间的关系，统筹考虑，既要有效保护好传统村落，又要使村民增收，以激发村民对村落保护的积极性。

首先，传统村落的空间布局、传统建筑、历史环境要素及非物质文化遗产都具有极大的价值，必须优先保护，尤其是历史文化意义重大的物质文化遗产与非物质文化遗产，更是必须尽全力抢救和保护。其次，传统村落是另一类遗产，是物质文化遗产和非物质文化遗产的综合体，所以对传统村落的保护并非静止、复古式的保护，而应该以村民为本，深入挖掘和合理利用传统村落资源，进行活态传承，具体可以通过村落资源商业化的方式为村落文化提供有效保护。但是，冯骥才强调，"在村落文化资本的价值变现实践中，要避免旅游过程中的过度商业化对传统村落文化价值母体的破坏。因为这种破坏有时会导致传统村落文化的质变，进而使原本富有魅力的村落文化特色因过于迁就消费者而丧失自身的文化吸力，并导致不同文化区之间文化品位的同质化，从而消解支撑乡村文化旅游业可持续发展的文化资源优势"。

三、传统村落民居保护性改造实例

中国的疆域辽阔，各地的气候、经济文化都不同，传统村落民居的类型也不同。民居不仅仅是为人们遮风避雨的地方，更承载着人们的审美、心理、对家庭美好的向往。中国主流的建筑是规整式住宅，一般采取中轴对称的方式。

从结构形式上可以划分为木构架庭院式、一颗印式、四水归堂式、窑洞式、大土楼式和干阑式等。

　　木架构庭院式数量最多、分布最广。一般在南北的主轴线上建正房，正房前方的左右两边建厢房，由正房和左右两边的厢房构成院子，组成"四合院"或"三合院"，以北京的四合院为代表。各地的自然条件和风俗不同，建筑风格也有一定区别。

　　在江南地区分布着很多四水归堂式的住宅，它的布局和四合院类似，只是院子较小，仅用作排水和采光，称为天井。室内一般用石板，适合江南温湿的气候。

　　一颗印式住宅的布局和四合院也大致相同，只是在房屋转角处互相连接，形成印章状。一般分布在湖南、云南等省。其内部多为木构件，墙体多为土坯墙。外墙面往往有彩画，显得很精致。

　　大土楼是福建西部客家人聚族而居所围成环形的楼房，可居住五十多户人家。一般有三到四层，庭院中间有厅堂、水井、仓库等公用房屋。大土楼独特的建筑形式，使得它具有防卫性强的特点。

　　窑洞式住宅是"生长"在黄土层中的建筑，它们一般分布在山西、甘肃、河南、青海、陕西等地区。由于黄土壁立不倒的特性，可以水平挖掘出窑洞。这样独特的建造方式，不需要额外的建筑材料，大大节约了建材，同时施工技术也很简单。窑洞式建筑分为平地窑、砖窑、靠山窑、石窑和土坯窑五种，冬暖夏凉，舒适节能。

　　干阑式住宅主要分布在中国的西南地区，多为傣族、壮族、土家族等少数民族居住。干阑式住宅一般是独栋的楼，由于环境太潮湿，底层是架空的，用来饲养牲畜，上层用来住人。

　　中国历史文化名镇、重庆市第一历史文化名镇龚滩古镇的传统村落民居大部分属于干阑式住宅。龚滩古镇是一座位于乌江峡谷的小镇，它拥有1 700年的悠久历史，因地理环境和独特的民族文化而被誉为"巴渝第一古镇"。龚滩古镇从古至今一直是巴蜀人家的聚居地，他们及其后裔土家族人一直生活在该地区。龚滩古镇位于四川、贵州、湖南三个省的交界，在明清和民国时期，它就是非常重要的交通枢纽和物资集散地。龚滩古镇的吊脚楼建筑群在全国范围内是规模最大的，也是保存最完整的吊脚楼建筑群。它顺着乌江边的山势顺势铺开，与山貌地形紧密地结合在一起，这是在众多的吊脚楼中，龚滩吊脚楼独具的特点。在政府的重视扶持下，龚滩古镇是保存得相对完好的传统村落，并且它的保护性改造用到了很多先进的新技术，很值得研究。

（一）龚滩古镇的概况

1. 地理条件

龚滩古镇在搬迁之前，海拔较高，而且所有的民居都在山地中。龚滩古镇依附的群山层峦叠嶂、陡坡峭壁，乌江水流湍急。正是如此陡峭的地势环境，造就了龚滩古镇传统村落民居独特的风貌景观。龚滩古镇的传统村落民居在建筑构造上使用了很多新技术，如挑、错、吊等多种构造方法，这营造了龚滩古镇的恢宏气势。

2. 气候条件

龚滩古镇处于北温带，它的气候非常温和，四季鲜明，温度多处于25° C 左右。它的无霜期比较长，但是雾多雪少。整年的降雨量约为1 200 毫米，非常丰沛。日照时间较长，占全年时间的 42.5 % 左右。雨多日照长的特点需要建筑强调遮阳避雨功能。

3. 水文条件

龚滩古镇处于北温带，四季鲜明，各个季节的降水量差异也很大，所以全年的水位落差也很大。龚滩古镇周围环绕的是阿蓬江和乌江，其中乌江受季节性降水的影响特别大，因此在彭水水电站修建之前，龚滩古镇的百姓常常会受到洪灾的影响。为了适应这种特殊的水文气候，龚滩古镇的传统村落民居拥有很多独特的特点。它们拥有坚固的石砌台和高高的吊脚，所有建筑跟着山的走势排布，与山融为一体。同时，一些建筑构件可以自由安装或拆卸，如一些门板、墙板等，可以抵御洪流。

4. 交通条件

龚滩古镇处于乌江水路交通的关键位置，属于水路交通的大型中转站，因此它的水运通达，是物资集散的重要交通枢纽。整个重庆、贵州、湖南都属于山地，山脉众多、穿插交错，龚滩古镇的陆路运输非常困难，由此水上运输便是唯一的运输要道。

（二）龚滩古镇传统村落民居的区位变迁与发展演变

1. 龚滩古镇的发展演变

龚滩的历史非常悠久，在蜀汉时期便已形成。蜀汉时期，因它在水运交通中处于重要的位置，加上汉代盐丹的开发与推动，龚滩由交易货物的村镇转型成了行政控制和航运管理城镇，被赋予了更多的政治功能。唐宋时期，其发展缓慢。明清时期，龚滩变成了川、湘、黔的货物集散中心，从那时候开始，龚滩的传统村落民居的建筑类型和形式开始慢慢丰富。到了近代，龚滩的发展变得缓慢。在现代，龚滩古镇逐渐变成一个旅游胜地，它的传统村落民居的保护性改造新技术成了众多专家学者研究的重点对象。

2. 龚滩古镇的区位变迁

龚滩古镇依偎着乌江而铺开，乌江是长江上游最大的支流，在 2004 年，乌江彭水水电站项目启动，乌江的水几乎将整个龚滩古镇淹没。为了保护这些物质文化遗产和非物质文化遗产，酉阳县政府启动了对龚滩的传统村落民居的整体迁建易地保护性改造政策。秉着"原规模、原风貌、原特色、原形制、原工艺"和"保护历史真实性、保持风貌的完整性、维持生活的延续性"的原则，整个传统村落民居的搬迁和保护性改造持续了三年之久，具有重大意义。

3. 龚滩古镇的人文环境

在漫长的岁月长河中，巴人和龚滩土著居民长期相处，吸收融合彼此文化，共同发展，最后形成独具特色的巴渝文化，并且形成如今的土家族。因为龚滩镇位于一个相对封闭的地理位置，受到外界文化干扰影响比较小，所以龚滩仍然保留了很多巴文化的民俗传统。

吊脚楼是龚滩古镇的传统村落民居中非常具有特色的建筑，也是巴文化和土家族的代表和象征。龚滩的传统村落民居都具有强烈的山地意识，顺着气势磅礴的山峦高低错落分布，一眼望去犹如一幅巨大的画卷。

不仅是吊脚楼，龚滩的宗祠庙宇，如蛮王洞、黄葛树等都成了龚滩的文化特色最直接的物质体现。同时，龚滩上生活的人们的民俗节日、传统工艺和饮食文化等都默默地传承着深刻的风俗文化内涵。

（三）龚滩古镇保护性改造后的现状

龚滩古镇的传统村落民居中有 12 处重点改造保护对象，分别是半边仓、杨家行、董家祠堂、永定成规碑、第一关石刻、董家院子、冉家院子、周家院子、武庙正殿、西秦会馆、川主庙和三抚庙。

在改造时，文物建筑基本保持了文物建筑原有的空间布置格局和形态，尊重了原有建筑的风貌特征，维护了建筑肌理和环境风貌特征，改善了建筑构件和材料一些不好的现状。改造项目在传统村落民居搬迁和修缮的过程中，视情况对虫蛀和部分腐朽的材料灌注化学材料，或局部更换。在修缮建筑的过程中，也做到了风格统一，细节易辨识。

1. 建筑空间优化

（1）百步梯入口。

龚滩古镇传统村落民居的入口处就是百步梯的位置，李氏客栈、倪家院子紧靠百步梯而建。搬迁前，百步梯的高差相对较大，并且每段的曲折折叠度较大。搬迁后，虽然百步梯依然保留了周边原有的建筑、环境景观和空间尺度，但是它的梯道间的折叠度和高差都减弱了，因此整个百步梯的氛围都有所减弱。

（2）杨家行。

杨家行周围有文卿客栈和田氏阁楼等建筑，同时还有杨家桥和太平缸等景观。在搬迁之前，这些建筑物和景观的高差并不是太大。搬迁后，杨家行周围的建筑和景观的整个格局并没有发生很大的改变，但每个建筑和景观通过梯步连接得更加紧密。同时，杨家行的左侧增加了一个观景平台，让居住者或游客有一个休息或观赏美景的平台。并且，杨家行周边各建筑物和构筑物之间的高差也比搬迁前要大一些，杨家客栈的层数也增加了。

保护性改造恢复了沿街面的商业店面，拆除了杨家行沿街面居民自建的砖墙，同时也保留了杨家行独具特色的封火墙，改进了砖砌等方面的细节手法。通过封火墙与杨家行相连的建筑，增建了和杨家行一致的传统木结构挑檐廊，和杨家行的建筑风貌相得益彰，逐渐成为杨家行的一部分。杨家客栈原本为一列一字形的民居，改造时扩建成了"L"形的建筑。由于杨家客栈和杨家行靠得很近，因此形成面向乌江的凹字形院子。

（3）半边仓和转角店。

半边仓属于文物建筑，转角店是龚滩古镇传统村落民居中很有特色的建筑之一。它们在空间位置上是聚在一起的，它们让龚滩古镇的街道呈现类似于"之"字的走势。搬迁后，虽然大致保留了搬迁前的整体布局，但转角店和邻测的建筑连接起来了，整个空间更加具有连续性，"之"字的空间形态也更具有完整性。

半边仓在历史上，曾作为仓库存储粮食和物料等。但随着历史的发展和龚滩古镇商业的退化，半边仓逐渐变为民居，室内被分隔成了两层。在搬迁时，拆掉了室内的隔板和楼板，想要恢复它作为仓库的建筑属性。然而，项目实际落地是半边仓依然没有再作为仓库，而成为半边仓客栈。为了满足人们居住的需求，立面上加开了窗户。从半边仓的改造可以看出，在民居的改造中，建筑空间随着时代的发展而改变，空间的布局要随着人们的功能需求的变化而变化。

（4）木王客栈和子南茶座。

搬迁前的木王客栈和子南茶座的建筑群突显着街巷空间的特点，临靠山崖形成半边街的街道。其中，木王客栈因其拥有四层的空间，相比它周围的建筑群，高度较高，显得很有特色。搬迁后，因为地势的原因，木王客栈减少为两层，和子南茶座同样高度。同时，一座新迁入此的建筑挡住了半边街的临江面，因此搬迁后的木王客栈似乎显得不那么重要了。

（5）冉家院子和西秦会馆。

冉家院子和西秦会馆附近有很多名建筑，如绣花楼、黎家祠堂、周家店等。搬迁前后的街道依然是左右辗转、上下起伏的走势和布局。但改造后，转折处靠近冉家院子的两座建筑不复存在了，这让整个街道出现了断裂，不再完整。并且，带有天井空间的黎家祠堂也已经消失殆尽，变成了普通的双坡水建筑。

冉家院子距今已有一百多年的历史，一直被冉氏家族使用，如今是冉氏家族的历史展览馆。改造从多方面对冉家院子进行了修缮。首先对入口处倾斜的大门和破损的门窗进行了修复处理，将水泥地面恢复为原本的三合土地面，并且将负一层被改建后的隔墙和门窗拆除了，还对天井的维护墙体进行了复原。

（6）川主庙和董家祠堂。

川主庙和董家祠堂是龚滩古镇传统村落民居中很有特色的建筑，均为市级文物建筑。在改造时，人们将董家祠堂、川主庙和街道之间的建筑拆除了，空间一下子空旷了很多，这样更可以凸显它们的宽敞宏伟的气势。

但由于地势，川主庙附近的陈家院子不得不被拆除掉。川主庙主要是用来缅怀李冰父子的。搬迁时，修复了入口立面处损毁的石刻，修缮了一些缺失的门窗和局部损毁的马头墙，重整了严重下沉的条石铺地和踏步。同时，加固了正殿的建筑结构，修整了霉烂和开裂的柱子和木楼梯。修复了轩棚和雀替，更换了破损的檩条、缺失、脱榫、梁架和椽条。川主庙的入口处有一幅彩画，但由于年代久远，彩画几近消失，搬迁时又重新将牌坊粉饰，绘制了新的彩画。

董家祠堂曾是董家祭祖的集会聚集地，中华人民共和国成立后被用作龚滩古镇的派出所和政府机关办公用地，再后来慢慢变成了龚滩古镇的敬老院。从董家祠堂的过往历史来看，它经常被人居住和使用，充满了活力。在对它进行保护性改造时，屋面重新铺设，换掉了破损严重的小青瓦，修整了破损的木楼板和木地板。在地面上对下沉的条石和踏步重新修整。川主庙和董家祠堂在建筑风貌的改造上是比较成功的，值得学习和借鉴。

（7）第一关石刻。

第一关石刻周围有织女楼、夏家院子、蟠龙楼等建筑。它的整个建筑和环境风格几乎保持原样，但根据地势和实际环境的变化，建筑的加建和改建的力度很大。夏家院子门前增宽了平台和走道，显得更加宽敞。蟠龙楼增加了观景平台，让居住者和游客有一个很好的视野景观。同时，夏家院子旁靠近山的附近也增加了一些建筑，让整个空间看起来更加饱满。

（8）三抚庙和上王爷庙。

搬迁前，三抚庙和上王爷庙都是临江而立的。三抚庙周围的建筑很密集。由于上王爷庙为混凝土建筑，因此搬迁时将它舍弃了。搬迁后的三抚庙所处的空间和环境发生了很大的变化，但依然保持临江而立。取代上王爷庙的是文昌阁，文昌阁位于三抚庙的西南方向，且地势较高，周围是宽广的平台，显得地位很高。但它与街道的连接不够紧密，位于街道尽头，可到达性相对较差，导致它的人气相对较少。

三抚庙是宫殿式建筑，但它属于民居。搬迁前，由于时代的久远，其石板地坪开裂，条石基础和踏步严重移位，梁架、椽条和檩条局部腐朽和遗失。在搬迁时，这些地方通通进行了修缮，同时拆除了厢房和戏台后的木板墙，恢复了戏台栏杆，对正殿的神像台基进行了复建。三抚庙的改造使用了很多木结构构件加固补强法，在这过程中，尽量遵循修旧如旧的原则，在整体上算是比较成功的。

（9）董家院子。

董家院子在搬迁前为龚滩古镇的卫生所，其位于西秦会馆的坡地上。董家院子背靠凤凰山麓，面向乌江，整个建筑面向乌江横向展开。董家院子保留得非常完整，它的一层是带有阁楼的正屋和群房。在搬迁时，对破损的小青瓦屋面和毁坏的屋脊进行整修，修复了损坏和缺失的梁枋、檩条、木隔板和穿枋，拆除了正屋入口处的栏杆和阳台。遗憾的是，搬迁前，董家院子独具特色的烽火墙将厢房遮挡，和整个建筑形成一面开敞、三面围的院落，成为进入董家院子的过渡。搬迁以后，这面烽火墙消失殆尽，入口处不再有遮挡，直接漏出了厢房，这让董家院子的风貌和空间特征逊色了几分。

（10）武庙。

搬迁前，武庙人为的破坏和加建很大，损毁了很多，几乎只有正殿保存得比较完整。搬迁时，武庙进行了全面的修缮。为了恢复武庙正殿的原貌，改造对腐朽的构件和被锯断的柱子进行了更换，拆除了正殿背面檐柱下的空斗砖墙等。

2. 建筑风貌改造

龚滩古镇传统村落民居搬迁前后的风貌变化主要分为三类：一是基本按照原样进行复原建设；二是和原建筑略有差异，但建筑风貌和环境依然较好；三是建筑风貌完全改变。

（1）传统村落民居风貌特征原样还原。

在修建和复原龚滩古镇时，建筑的环境、平面形态、空间构造、建筑细部的材质等，完好地保留了龚滩古镇原有的特征和形态。其中，最具代表性的是田氏阁楼。

（2）传统村落民居风貌特征略有改变。

在对龚滩古镇的传统村落民居进行保护性改造时，最多的便是村落民居风貌特征略有改变。龚滩古镇中的文物建筑和重点搬迁对象的建筑风貌特征几乎均是略有改变。

（3）传统村落民居风貌特征完全改变。

由于龚滩古镇处于乌江两侧的山地丘陵之上，其所处地形变化差异大，加上搬迁前后，地形的变化和对建筑的修缮改造等，部分民居的风貌特征完全被改变了。

①织女楼。

织女楼位于第一关，拥有近百年的历史和文化。它的三面都是绿地，西面与飞蛾山隔江相对，站在织女楼眺望大江，视野非常开阔。织女楼一半位于街道，临江那一面靠吊脚支撑着，建在石材砌筑的平台之上。两面高差约有 2.5 米，并且其周围没有其他建筑，像"空中楼阁"一般。

然而，在搬迁后，新的织女楼所在的地方靠江侧和临街侧的高差达到了11 米，这导致原来的建筑形态根本无法适应新的地形和环境，不得不对建筑风貌和形态进行改变。原本高差只有 2.5 米时，其吊脚层只有一层楼，现将吊脚层加建为三层，底层为吊脚楼空层，第二、三层成为使用空间。由于高差太大，为了安全，部分构件不得不使用钢筋混凝土结构，这在一定程度上影响了织女楼本身的建筑风貌特征。

②蟠龙楼。

蟠龙楼紧靠着吊脚楼和织女楼，形成吊脚楼群，在中国建筑史上也具有非常重要的意义。在改造前，蟠龙楼位于高差约为 12 米的山地上，整个建筑空间分为三个阶段，最上方的阶段是建筑主体，处于中部的阶段是吊脚，最下方的阶段是石砌平台。每段间的比例适宜，虚实对比鲜明，造型古朴轻盈。蟠龙楼之所以得名，是因为一棵黄桷树的枝丫从楼底便和建筑缠绕在一起，并且旁边有条石梯，穿过建筑的吊脚空间，和古树交相辉映。蟠龙树为蟠龙楼增添了几分灵动和生气。

遗憾的是，搬迁后的蟠龙楼原有的建筑风貌特征均已消失。虽然整个建筑地坪的高度几乎没发生改变，但是当地居民的擅自加建，使得最下方的柱台消失，整个空间的虚实感发生了改变，让中部的吊脚显得很粗短，街道标高以下全部变为了钢筋混凝土结构。搬迁后的建筑显得臃肿，丧失了之前的灵动，只有最上方的建筑部分拥有原来的建筑特征。虽然依然有石梯相伴，古树却荡然无存了。

③转角店。

转角店原本为蓄盐的仓库，当时为了市场交易的方便，把盐仓选在了相对繁华的转角店。在搬迁前，转角店尽管临水而建，但其较高的地势可以很好地防水防潮。转角店立于筑台之上，其组成部分分别为主楼和副楼，主楼和副楼皆为三层加最底层的吊脚层。

改造和搬迁之后，建筑的高差很明显地增大了。副楼由三层增加为四层，且吊脚层由原来的一层增加为两层。建筑的层高由 2.4 米增高为 3.5 米。增高的层高和层数让整个建筑空间看起更加挺拔。但建筑的梁板等构件已经由原来的木构件换成钢筋混凝土构件，失去了原本的古朴。山墙面外层也是由木材包裹，规整得缺少了些活力。

（四）结语

龚滩古镇依山而建、顺江铺开，拥有最大规模的土家吊脚楼建筑群，它险峻的地理、水文条件，造就了它恢宏又玲珑的气势。随着龚滩古镇的发展，它面临着区位变迁和传统村落民居的保护性改造等重大挑战。本节从龚滩古镇的传统村落民居改造的前后变化着手，重点研究分析了杨家行、木王客栈、子南茶座等十几个著名的传统村落民居的空间延续和变化，又仔细分析了每个建筑在保护性改造中的重点和使用的新技术。

参考文献

[1] 崔世昌. 现代建筑与民族文化 [M]. 天津：天津大学出版社，2000.

[2] 李劲松. 园院宅释：关于传统文化与现代建筑的可能 [M]. 天津：百花文艺出版社，
2005.

[3] 夏文杰. 中国传统文化与传统建筑 [M]. 北京：北京工业大学出版社，2016.

[4] 陈妮娜. 中国建筑传统艺术风格与地域文化资源研究 [M]. 长春：吉林人民出版社，
2019.

[5] 刘学军，詹雷颖，班志鹏. 装配式建筑概论 [M]. 重庆：重庆大学出版社，
2020.

[6] 张兵，夏青，罗彦. 家园：传统村落的保护和治理 [M]. 北京：中国建筑工业出版社，
2021.

[7] 刁建新. 传统文化与现代建筑创新之关联研究 [D]. 天津：天津大学，2004.

[8] 黄增军. 材料的符号学思维探析 [D]. 天津：天津大学，2011.

[9] 刘晖. 传统文化在现代建筑中的应用探究 [D]. 长春：东北师范大学，2011.

[10] 王月涛. 基于主体意识层次的纪念性建筑创作方法建构研究 [D]. 哈尔滨：哈尔
滨工业大学，2013.

[11] 宋绍佳. 从库恩范式理论看现代主义建筑危机 [D]. 上海：复旦大学，2013.

[12] 刘成林. 现代建筑设计中传统建筑语言的传承与交融 [D]. 济南：山东大学，
2015.

[13] 郭建东. 建构视野下欧洲现代木构建筑的发展研究 [D]. 北京：中央美术学院，
2016.

[14] 武静. 当代乡村建筑的可持续性研究 [D]. 苏州：苏州大学，2017.

[15] 陈颖. 中国传统建筑美学对现代建筑的影响研究 [D]. 青岛：青岛理工大学，
2017.

[16] 毕洋洋. 基于现代建筑七项原则的中国传统园林建筑现代性分析 [D]. 郑州：河南农业大学，2017.

[17] 王瑞琦. 建构视角下当代乡村建筑设计策略研究 [D]. 大连：大连理工大学，2017.

[18] 房萌. 现代木构建筑结构的空间表达研究 [D]. 厦门：华侨大学，2017.

[19] 陈相合. 四川省传统村落保护与发展研究 [D]. 成都：西华大学，2018.

[20] 袁宁. 传统村落民居保护性改造新技术研究 [D]. 重庆：重庆大学，2018.

[21] 李上. 渝西地区城郊型农村住宅建筑演变研究：以荣昌区高丰村为例 [D]. 重庆：重庆大学，2018.

[22] 陶磊. 盐城市"美丽乡村"建筑设计方案评价研究 [D]. 兰州：兰州交通大学，2019.

[23] 敖雷. 技术视角下的前现代建筑时期的建筑形式理论研究 [D]. 南京：东南大学，2019.

[24] 张海燕. 基于公众参与的乡村建筑设计过程研究 [D]. 苏州：苏州科技大学，2020.

[25] 王甜. "在地性"观念引导下的乡村公共建筑设计研究 [D]. 济南：山东建筑大学，2020.

[26] 李小雪. 中国传统建筑门窗在现代建筑空间中的应用研究 [D]. 呼和浩特：内蒙古师范大学，2021.

[27] 黄增军. 谢英俊的轻钢结构乡村建筑实践 [J]. 新建筑，2007（04）：8-11.

[28] 李嘉欣. 装配式构造柱约束砌体结构抗震性能研究：以乡村房屋建筑为例 [J]. 黑龙江科学，2019，10（22）：74-75.